"地 球"系 列

# 火山

[英]詹姆斯·汉密尔顿◎著

叶茹茹◎译

上海科学技术文献出版社

Shanghai Scientific and Technological Literature Press

**图书在版编目（CIP）数据**

火山 /（英）詹姆斯·汉密尔顿著；叶茹茹译 . —上海：
上海科学技术文献出版社，2024
ISBN 978-7-5439-9015-9

Ⅰ.① 火… Ⅱ.①詹…②叶… Ⅲ.①火山—普及读
物 Ⅳ.① P317-49

中国国家版本馆 CIP 数据核字 (2024) 第 053092 号

**Volcano**

*Volcano* by James Hamilton was first published by Reaktion Books in the Earth series, London, UK, 2012. Copyright © James Hamilton 2012

Copyright in the Chinese language translation (Simplified character rights only) © 2024 Shanghai Scientific & Technological Literature Press

图字：09-2020-503

选题策划：张　树　　　　责任编辑：姜　曼
助理编辑：仲书怡　　　　封面设计：留白文化

火　山
HUOSHAN
[英]詹姆斯·汉密尔顿　著　　叶茹茹　译
出版发行：上海科学技术文献出版社
地　　址：上海市长乐路 746 号
邮政编码：200040
经　　销：全国新华书店
印　　刷：商务印书馆上海印刷有限公司
开　　本：890mm×1240mm　1/32
印　　张：5.875
字　　数：108 000
版　　次：2024 年 4 月第 1 版　2024 年 4 月第 1 次印刷
书　　号：ISBN 978-7-5439-9015-9
定　　价：58.00 元
http://www.sstlp.com

# 目　录

# 序　言

"也许，最让人高兴的并非火山的毁灭性，尽管人人都爱看大火喷发，而是火山对每种无机物都逃脱不了的万有引力定律的藐视。也许，我们关注火山是因其向上提升，就像芭蕾一样。熔融的岩石飞多高，高出蘑菇云多少。令人震撼的是，山自身爆炸，即使随后还是得像舞者一样回到地面；即使它并非只是下降——它是落下来，落到我们身上。"

——苏珊·桑塔格《火山情人》

2010 年 4 月，冰岛艾雅法拉火山的喷发使人们再次见识到了火山的力量。尽管这只是一座小火山，但它的烟云和火山灰被一股盛行风吹向了整个欧洲。在将近一个星期的时间里，人们无心关注英国大选，世界航空交通也陷入了暂时的混乱。

我们生活在同一个冷却的星球上，公元前 1620 年前后圣托里尼火山喷发，79 年和 1631 年维苏威火山喷发，1766 至 1768 年海克拉火山喷发，1815 年坦博拉火山喷发，1883年喀拉喀托火山喷发，这几次火山喷发都造成了毁灭性的破坏。这些火山喷发是持续的地质作用的一部分。艾雅法拉火山喷发（是规模足够大，却不合时宜且地理位置不佳的火山喷发）尚且能对地球气候和经济产生如此直接的影响，相比之下，全球变暖产生的影响显得缓慢且乏味。

地球上的火山以某种形式喷发，伴随着滚滚的火山灰以及电闪雷鸣。冰岛火山的喷发让人们对火山的力量性和地球的脆弱性有了新的认识。

本书的灵感源于2010年在沃里克郡康普顿·弗尼画廊举办的主题为"火山：从透纳到沃霍尔"的展览，书中探讨了画家和作家对火山的看法及其随着时间流逝而产生的变化。

# 1. "整片海沸腾了"

当我们从非洲裂谷，或如今的澳大利亚出发，通过大陆漂移的方式，逐渐地、一无所知地穿越海洋时，我们也正在穿越 250 多万年的时光。再过 1 万或 1.2 万年，也就是转瞬之间，我们便可以看到中东、美洲、欧洲大陆和东南亚的移民。在这里，我们能看到仪式的举行、工具的制造、合作发展农业的先驱、语言和叙事的萌芽，以及算术和写作的开端。在漫长的时间里，火山都是从地球表面的薄弱点喷发的，就像它们在过去千万年里一样。于它们而言，一切都是一成不变的。如今，火山的喷发也是大同小异。尽管许多薄弱点已经冷却干涸，但现在的地球板块图与大陆漂移说问世前的地壳图联系紧密，是地球冷却运动的直接产物。

早在人类出现并注意到火山之前，它们就已经在活跃了。因此，对于人类历史而言，尽管火山分布零散，却是一个既定且持续的存在。作为发生在地球上并能为人类所目睹的最猛烈的地质现象，火山活动可能是人类记忆中最初的、隐约且遥远的叙述描摹的来源。

这种描摹断断续续、不能完全地映入我们的眼帘。我们仅拥有那些被挖掘出来的工艺品和那些被记录下来的神话。公元前6200年左右，土耳其西部安纳托利亚地区哈桑达格火山的喷发，给145千米外的沙塔尔·休于古城造成了骚乱，此后，在这个规模庞大、历史悠久的城镇里，火山喷发逐渐渗入居民的思想里，他们以此为主题创作了一幅壁画，画中描绘了火山喷发物密密麻麻落到房屋上的景象。

世界上最早的城镇沙塔尔·休于古城，于公元前7500年至公元前5700年在壮丽的火山景观中发展起来

　　沙塔尔·休于古城于 20 世纪 50 年代末首次被发掘，并在随后的十年里被完整发掘出来，按照早期的标准来看，它是一个完整的城镇，也是世界上第一个拥有大约 1 万人的城镇。人们住在密密麻麻的土屋里，屋内的墙上糊了一层白色的灰泥，家具也十分简陋。他们在安纳托利亚平原周围耕田种地，由此创造了农村经济。不管火山喷发与壁画的完成之间隔了多长时间，这种艺术行为都是人们对火山喷发的直观反映，而土壤肥力和人们生活条件的提升则是其实实在在的产物。随着时间的流逝，从陶器到犁具的出现，制造业开始萌芽。此外，这一社会还发展了精细做工——有计划地创作壁画和用黑曜石（一种火山喷发物）制作刀片。

　　如果沙塔尔·休于古城的居民曾拥有与火山相关的叙事传统，那么这种传统显然没有流传下来。圣托里尼岛又称锡拉岛，位于爱琴海中，与希腊和土耳其之间的距离大致相等。公元前 1620 年左右，圣托里尼火山喷发，这是人类历史上规模最大的一次自然破坏事件，自那以后，神话才开始逐渐成为历史的一部分。火山附近的阿克罗蒂里城被熔岩和火山灰掩埋，火山喷发引起的海啸浪高十余米。这股浪潮在不间断地冲击克里特岛后，又涌向米诺斯王宫。顷刻间的毁灭是导致米诺斯文明消失的因素之一，海啸从四面八方铺天盖地而来，给爱琴海及其附近地区带来了灾难。如果亚特兰蒂斯的确存在过，那么，圣托里尼火山喷发很可能是导致其消失的原因之一。

西西里岛以北的利帕里群岛是一个火山群岛，其火山活动也在古典神话中留下了痕迹。其中最南端的火山名为武尔卡诺，它在公元前 400 年左右经历了一场漫长的喷发，古希腊（和古罗马）神话将其视为火神赫菲斯托斯（在古罗马神话中称为伏尔甘）的化身。当这座火山喷发时，人们认为赫菲斯托斯在发挥神力，就像在古希腊古罗马时代那样。利帕里群岛既危机四伏又通达便利。掌管农业的女神得墨忒耳（在古罗马神话中称为刻瑞斯）把利帕里群岛及其相邻的维苏威火山、伊斯基亚火山岛和埃特纳火山当作火把，为塞壬寻找她下落不明的女儿普西芬尼时照亮道路。

公元前 400 年，伏尔卡诺火山的喷发可能是修昔底德在《伯罗奔尼撒战争史》中描绘的那样，"晚上可以看

乔纳斯·乌姆巴赫，《元素：火》，蚀刻画，火神位于云层之中

到巨大的火焰腾空而起，白天则是一片烟雾"。西西里岛上的埃特纳火山与其同属一个火山系统，据说也是赫菲斯托斯（伏尔甘）的作坊，这里住着独眼巨人库克罗普斯。在荷马的《奥德赛》中，当奥德修斯（尤利西斯）和他的同伴们登上岛时，这些脾气暴躁的巨大怪物对他们并不友好。在一个与之相关的神话中，人们相信令人厌恶的多头巨人提丰（大地之神盖亚和风之神塔耳塔洛斯的后代）被宙斯囚禁于此，"他躺在海峡边，困在埃特纳火山之下"。他不停地翻来覆去，引起了火山喷发，这就是埃特纳火山时常喷发且持续时间较长的原因。再来说说独眼巨人库克罗普斯的故事，传说火山口是他硕大的圆形独眼，这样一来，火山便成了其身体的一部分。《荷马史诗》是历经几个世纪的故事，它是否已将人类最早的记忆和启发传给我们？

根据神话的描述，很多神被埋在维苏威火山和埃特纳火山之下。恩塞拉都斯反抗众神，被埋在埃特纳火山之下，而他的兄弟米马斯则被赫菲斯托斯埋在维苏威火山之下。在维吉尔写于公元前 1 世纪末的罗马起源故事《埃涅伊德》中，我们能看到古典文学关于火山喷发描述最富戏剧性的一段：

"港口开阔且风平浪静，但埃特纳火山周遭是电闪雷鸣、风雨大作。它时而喷涌出漆黑的云雾，或是像龙卷风般的白炽浓烟；时而喷溅漫天的火焰，

ENCELADE PRÉCIPITÉ SOUS LE MONT ETHNA.　　Enceladus unter dem Berg Æthna bedeckt.
Enceladus burried under Mount Æthna.　　|　　Enceladus onder den Berg Ethna bedekt.

伯纳德·皮卡，《葬于埃特纳火山下的恩塞拉都斯》，1731 年，版画

《1754 年埃特纳火山喷发》，19 世纪，木版画

直冲云霄；时而撕裂岩石，将其冲至半空，这些岩石仿佛是它的内脏。火山口的每一次沸腾都伴随着震耳欲聋的轰鸣声，成千上万的岩石在其中熔化，并被抛向高空。"

火山像一股天然的活水泉，源源不断地注入古希腊古罗马充满想象的神话，同时，它也促使早期的哲学家们去解释那些发生在人们视线之外的、反应剧烈的事物。柏拉图在《斐多篇》中谈到了地球上的四条大河，其中，来格松河的水在阳光下熠熠生辉，河水注入一个巨大的区域，形成了一个比海（地中海）还要大的湖，湖里的泥水随之沸腾；在湖里绕了一圈后，它裹挟着大量的泥沙流向苦河湖的边界，但并没有流入湖里；在地下几经盘绕，最终注入地狱之河。人们将这条河流命名为来格松河，熔岩流的碎片正是被这条河流扩散到各地的。

柏拉图是这样描述熔岩及黑曜石形成的："有时，当地表因大火融化，又再次冷却时，就会形成黑色的石头。那些激怒父母的人会被扔进来格松河，所以，孩子们，要小心。"维吉尔《埃涅伊德》中的罗马英雄埃涅阿斯看到来格松河时，惊诧不已。他看到河水冒着白炽的火焰，河里的巨石咆哮着，打着旋儿向前奔腾而去。

古希腊戏剧家埃斯库罗斯访问西西里岛的大希腊时，可能目睹了公元前479年埃特纳火山的喷发，至少看到了烟雾，听到了隆鸣声。埃斯库罗斯死于公元前456年或公元前455年，据说死因是一只鹰从高空扔下一只乌龟，不幸砸到他的头上。与埃斯库罗斯同时代的抒情诗人平德尔如此描述埃特纳火山喷发的场景，"从它的深处喷发出最神圣且无与伦比的泉水"。

第一个记录埃特纳火山的是古希腊哲学家恩贝多克利，他提出了土、气、火、水这四种元素的概念。然而，他未将这座山当作一个实验室来研究元素的运作，而是把它作为一种途径以显示自己与诸神平等。关于他去世的原因众说纷纭。传说他为了追求长生不老纵身跳进了火山口，而他的一只凉鞋在跌落时从脚上掉了下来，这只凉鞋被人发现后，他投身火山口的消息便传开了。在另一个传说里，他相信自己会从火山里回来，并成为人类中的神。而在第三个传说里，他确实投入了火山口，却在火山喷发时被弹了出来，落到了月球上，在那里，他依靠喝露水活了下来。

古典哲学家对火山的概念和作用争论不休。在气象学上，亚里士多德将地球视为一个活的有机体，认为它会像其他生物一样发生抽搐和痉挛。他提出，地下起火是因被分解成颗粒的空气在涌入狭窄的通道时，受到风的影响形成的。他创造了"火山口"（希腊语中的"cup"）一词，用来描述火山顶的碟形部分。斯特拉波在其所著的《地理学》中讨论了世界各地的火山，尤其是地中海及其周围的火山。在他的描述里，西西里岛是由埃特纳火山喷发的熔岩堆积而成，利帕里群岛和庞古斯群岛（包括卡普里岛、伊斯基亚岛和邻近的岛屿）也是如此。"在锡拉岛和锡拉希亚岛之间，"斯特拉波补充道，"火舌从海底突然伸出，持续了整整四天，使整片海沸腾了。熊熊大火令海水迅速蒸发，一个由燃烧的物质组成的岛屿露了出来，并不断升高。"

欧洲以外的地方也不乏富有生命力的神话传说。在《诗篇》中，对上帝的描述极为骇人：

"他震怒，大地随之开始震颤，山脉也晃动不已。他的鼻孔里冒出滚滚浓烟，口中喷出熊熊烈火，把炭都点着了。"

萨尔瓦多·罗萨,《恩贝
多克利之死》,1665—
1670 年,绘画

　　这看起来像是对地震和火山喷发的生动描述,而索
多玛和蛾摩拉这两座城市似乎是被类似火山喷发的力量
摧毁的。

　　索多玛和蛾摩拉是死海附近平原上真实存在过的两
座城市。考古证据表明,这两座城市在公元前 1900 年左
右被一场自然灾难摧毁,这场灾难很可能是地震而不是

**1104年海克拉火山喷发，19世纪，木版画**

火山喷发，因为在过去4000年里，该地区没有发生过火山活动。人们得出了结论：火山是地狱的入口。继柏拉图及《启示录》评注后，圣奥古斯丁在《上帝之城》中提到了"火与硫黄之湖"，埃特纳火山和武尔卡诺火山也被看作地狱入口。克莱尔沃的赫伯特在1104年海克拉火山喷发后，将边界划到寒冷的北方，他认为冰岛的海克拉火山是地狱入口。类似的故事一再上演，直到儒勒·凡尔纳在《地心游记》中把海克拉火山和冰岛的另一座火山——斯特龙博利火山描绘成通往地心的大门。

辛格韦德利是距雷克雅未克东北约48千米的一处火山崖，具有显著的声学特征。从辛格韦德利延伸出的宽阔平原的边缘被视为划分北美板块和欧亚板块的地质断层线。断层线大致沿着大西洋中心线延伸，穿过或接近

火 山

亚速尔群岛和特里斯坦-达库尼亚群岛。

　　太平洋的火山是佩蕾女神的故乡。佩蕾生于塔希提岛，与姐姐娜玛克噢卡哈伊闹翻后被驱逐到4000千米外的夏威夷群岛。从西北往东南前行时，佩蕾在她身后留下了众多火山——瓦胡岛的钻石头山、毛伊岛的哈里阿卡拉火山以及夏威夷岛的基拉韦厄火山。这一路线与现代发现相吻合，即越往东南方向火山越年轻。佩蕾的行程终止于夏威夷岛，在那里，她创造了基拉韦厄火山的火山口——哈雷茂茂火山口。传说她在那里生活并引起火山喷发。佩蕾脾气暴躁，脚后跟一踢就能打开火山口，将熔岩疯狂地抛向四周。但是，据说每次喷发前，她都会以老妇人或美丽女孩的形象现身，向人们示警。

基拉韦厄火山喷发，
19世纪末，版画

**夏威夷的熔岩流涌入
大海**

每年，夏威夷居民都会着盛装，聚集在基拉韦厄火山附近来纪念佩蕾。卡皮欧拉尼是岛上一位酋长的妻子，她试图通过向火山口投掷石块来激怒女神。然而，佩蕾对此无动于衷。1881年，火山喷发，熔岩倾泻而下，一度威胁到希洛城。人们认为是佩蕾发怒了，因此请求夏威夷公主露丝·基利科拉尼向她求情。露丝照做后，逼近希洛城的岩浆流才止步。

俄勒冈州的美洲原住民认为，梅扎马山住着一位邪恶的火神，而沙斯塔山附近住着一位仁慈的雪神。两神相斗，雪神获胜，斩下了火神的头颅。或许是为了纪念这场正义战胜邪恶的斗争，梅扎马山的火山口总是充盈着水。梅扎马山形成于6000年前，在沙塔尔·休于古城出现以后，其喷发可能是传说中的地球上第二次火山喷发。沙斯塔山被视为创造的中心，是造物主用天上的冰雪创造出来的。他以沙斯塔山为基础，又创造了地球上的动植物。它还是一处备受欢迎的滑雪胜地。

圣海伦斯火山位于喀斯喀特山脉的更北面，它在1980年曾剧烈喷发。这座火山也在印第安传说中出现过，传说对圣海伦斯火山及其附近火山的喷发原因作出说明。传说的情节不外乎神明之间争夺土地或因为爱情。在关于喀斯喀特山脉的故事里，众神之首的两个儿子帕托和怀亚斯同时爱上了美丽的少女卢薇特，他们为了获得她的芳心而厮打起来。在打斗中，地面剧烈震动，众神之桥落入河中，形成了喀斯喀特山脉。众神之首对此极为愤怒，作为惩罚，他将帕托变成了如今的亚当斯山，将怀亚斯变成了胡德山，将卢薇特变成了圣海伦斯山（原名 "Louwala-Clough"，即"烟火之山"的意思）。传说还在继续。怀俄明州的魔鬼塔是在岩浆冷却后，经过千百万年的侵蚀形成的，其表面布满了裂痕，传说这是一头熊在追逐女孩时留下的爪痕。

来自美洲的传说还包括秘鲁阿雷基帕附近的米斯蒂火山，传说太阳神为了惩罚其熔岩四下涌流，用冰堵住了火山口。位于米斯蒂火山附近的于埃纳普蒂纳火山于1600年喷发，火山灰覆盖了阿雷基帕。正是这座火山将传说带入了现代世界。乞力马扎罗山海拔5 895米，是世界上最高的独峰山脉，不与其他山脉相连。在斯瓦希里

1980 年圣海伦斯火山喷发

位于非洲坦桑尼亚
的伦盖伊火山

语里，乞力马扎罗山被称作"闪光的山"。位于它附近的伦盖伊火山十分活跃，在 20 世纪曾多次喷发，而历史上还没有乞力马扎罗火山喷发的记录。在马赛语中，伦盖伊火山意为"上帝之山"，它不是恐惧的来源，而是被视为能带来丰收和富饶的使者。在其喷发时，哺乳的母亲会将母乳洒在山脚下以示感激。

在毛利人的传说里，新西兰北岛的塔拉纳基山和鲁阿佩胡山都爱上了汤加里罗山，也就是现在的瑙鲁赫伊山。塔拉纳基山袭击了鲁阿佩胡山，作为反击，鲁阿佩胡山从火山口的湖中喷涌出阵阵沸水。塔拉纳基山又向鲁阿佩胡山喷掷石块，鲁阿佩胡山把这些石块吞了下去，反过来又喷向塔拉纳基山，散落的石块落入河中，顺着旺加努伊山谷流到了海里。直到今天，毛利人仍然不会将逝者埋葬在塔拉纳基山和鲁阿佩胡山之间，以免它们再次争斗。1886 年，新西兰北岛另一座火山——塔拉威拉火山喷发，3 个村庄被掩埋，造成了 300 多人死亡。毛利人认为，其喷发不是因为村民犯了禁忌（吃野蜂蜜），就是因为村民与欧洲人接触而变得堕落。

这些传说和火山地区的神话一样，都是围绕着爱与恨、和平与战争、仁慈与惩罚展开的。这些都是人性的基本特质，它们是独立发展起来的，可以用来对抗、解释一个简单且不可避免的事实：地核内部的热量和压力会在恰当的时候冲破地壳薄弱的缝隙，并将其内部的物质倾泻到地表。从现存的文献来看，直到 580 年左右才

圣安地列斯断层，美国
加利福尼亚，1992 年

有记载表明火山喷发物与土地肥沃程度之间的联系。在凯撒利亚温暖舒适的气候里，历史学家普罗科匹厄斯指出，"在维苏威火山喷发喷涌出大量火山灰后，附近的村庄大获丰收"。这也许是欧洲文献中已知的最早的关于火山的观察，其论调正面积极，甚至鼓舞人心。

# 2．火山的魅力

　　人们在欣赏一幅古老的油画时，会看到一些明显的裂痕，这种裂痕在艺术品交易中被称为"龟裂纹"。这些裂痕在油画表面形成不规则的各种图案，随着涂料变干，这些图案的间隙会不断扩大。

　　在很轻的程度上，地球表面的岩石圈也是如此。在几千亿年的不规则冷却过程中，岩石圈、陆地和海洋分裂形成了地球的七大板块：北美板块、欧亚板块、太平洋板块、南美板块、非洲板块、印度-澳大利亚板块和南极洲板块。自从大约25亿年前地壳第一次形成坚硬表面，这些板块已经在地表漂移了数百万年。此外，几个小板块的面积也不尽相同，其中，面积最大的是东南太平洋的纳斯卡板块，而科科斯板块和胡安·德富卡板块面积较小。它们分别位于中美洲太平洋海岸，与北美洲的喀斯喀特山脉平行。岩石圈就像软流圈顶部的一层油漆，而软流圈是地球的内层，不像岩石圈那么坚硬，能够缓慢流动，在一定限度上能使岩石圈在其表面运动。正是这种流动性使得岩石圈能够随着地球内部的能量变化不断自我调整，就像外套会随着穿衣者肩膀的移动而自行调整一样。柏拉图在《斐多篇》中用优美的语句描绘地球，他可能是在写板块构造：

"鸟瞰地球，它就像一个由十二块皮革制成的球，上面涂着各种颜色……地球表面的色彩确实要明亮得多，纯净得多。一部分是美妙的紫色，另一部分是金色，夹杂其中的白色比粉笔和雪还要白……比我们所见过的任何颜色都漂亮。"

随着地球的冷却和板块间相对大小的变化，岩石圈的运动仍在继续。几千年来，板块的大小和数量一直在调整，并且仍在继续变化：印度-澳大利亚板块正在缓慢地分离，最终将形成截然不同的印度板块和澳大利亚板块。其他面积小得多的板块就像画布上受损的油漆碎片，这些小板块运动频繁，不太稳定，它们位于大板块的边界，大多分布在印度尼西亚和菲律宾周边。板块在全球范围内移动的速度极慢，这不同于人类指甲或头发生长的速度。

在大多数情况下，火山位于板块交界处。因此，在英国伯明翰或澳大利亚艾丽斯斯普林斯上班的通勤者不必理会火山的影响，因为他们离板块边界有数千米之遥。然而，那不勒斯、雷克雅未克或墨西哥城的通勤者则不然，因为其附近板块的边界正相互汇聚或分离。

哥斯达黎加阿雷纳尔
火山喷发时的熔岩流

　　地球上的火山主要分布于环太平洋火山带，它位于太平洋板块和纳斯卡板块以及大西洋中脊交界处。大西洋中脊就像地球表面的一条裂缝，从冰岛一直延伸到南极洲，整条裂缝都有喷口，就像夹克上的一排纽扣：当人体重增加时，纽扣就会崩开。

　　在地球上，海底火山的喷发不是因为重量增加，而是因为地球内部巨大的力量。火山沿着东非大裂谷从红海（非洲板块和阿拉伯板块分离的产物）向南分布，从土耳其到希腊，直至意大利南部，在这里，非洲板块与欧亚板块相互挤压。然而，夏威夷、中亚和西非等地的岩石圈很薄，因而离板块边界很远的地方也会出现火山。

板块以不同形式作相对运动，它们相互分离或断裂，例如大西洋中脊，而冰岛是其火山喷发的产物；它们横向摩擦，例如，加利福尼亚州的圣安地烈斯断层。此外，它们还会相互聚合、碰撞。板块聚合还有一种情况，即一个板块俯冲到另一个板块之下，例如，在东太平洋，两个板块聚合形成了一个俯冲带——安第斯山脉；或者两个板块像钹一样相互摩擦碰撞，也就是众所周知的"大陆碰撞"。板块挤压还形成了喜马拉雅山和阿尔卑斯山等褶皱山脉。

火山是艺术家的观察对象，往往能给他们带来灵感，其中绝大多数火山是由板块聚合并造成俯冲带形成的。例如，在南美西海岸，纳斯卡板块与南美板块相撞；在欧洲，非洲板块挤压欧亚板块。板块运动延续了数百万年，创造了南美的火山景观，并形成了从土耳其东部到意大利中部的众多火山。

讽刺的是，像维苏威火山这样的非典型火山竟然引起如此多的关注，而这仅仅是因为它所在的孤零零的支脉恰好位于西方文明的发源地或其附近。尽管维苏威火山的喷发确实充满了戏剧性，但直到20世纪，西方文学才对火山喷发有所记录，而这些火山活动表明了岩浆从地表裂缝涌出时所具有的巨大能量和破坏力。随着时间的流逝，它们像一首缓慢而哀伤的管弦乐协奏曲一般，悄无声息地传到天上，看不见，听不到。如果把意大利

冰岛拉基火山，喷口
处布满寄生熔岩锥

芬努尔·琼森，《拉基火山》，1940 年，布面油画

布兰约夫·瑟达森，《海
克拉火山》，1939 年，布
面油画

的维苏威火山视为地球火山的代表，就好比把《维洛纳
二绅士》这样的喜剧看作莎士比亚戏剧之广度和技巧的
代表；或者把外形迷人的法拉利视为唯一值得谈论的车。
火山类型多样，画家们描绘了不同类型的火山，我们将
在本章节对这些作品进行讨论。芬努尔·琼森描绘的火
山"裂隙喷口"是冰岛地貌的一个典型特征，在喷口处，
地球的断层线仿佛被一双无形的大手缓慢拉开，释放出
巨大的内部能量。这一活动形成了低洼破碎的山丘，这
些山丘由隆起的岩层构成，土壤富含黑色的熔岩，山丘
表面布满裂缝。冰岛和夏威夷都是"盾状火山"的发源
地。盾状火山是指低黏滞性（流动性较大）的熔岩从喷
口涌出，层层冷却形成的高地，其顶部呈凹陷圆弧状，
整体轮廓神似古代勇士使用的环状盾。布兰约夫·瑟达
森的《海克拉火山》和查尔斯·欧文斯的《基拉韦厄火

歌川广重，《武藏小金井》，摘自《富士三十六景》，1858—1859 年，木版画

大卫·克拉克森,《富士山的早晨》(上)和《富士山的下午》(下),2002 年,布面丙烯

山》都是描绘这类火山的代表之作。

　　第三种类型是复式火山，这类火山以其优雅的圆锥形完美展现了地球火山的壮丽动人。这类火山是由熔岩与火山灰等喷发物在喷发口附近一层层堆积形成的，因此得名。日本的富士山是复式火山的最佳例子之一，在成千上万的日本版画中，特别是 19 世纪的葛饰北斋和歌川广重的作品，以及如今大卫·克拉克森的作品里，富士山都是永恒的主题。然而，为了使火山看起来更加优雅，日本画家们往往将其坡度放大到 45° 以上，尽管富士山两侧的实际角度不超过 30°。维苏威火山是另一座复式火山，但其属于复式火山的典型特征在 1.8 万年前

威廉敏娜·巴恩斯-格雷厄姆，《拉赫里亚》，兰萨罗特，1989 年，纸上丙烯

遭到破坏，彼时其顶部被一次巨大的喷发炸飞，坠落后形成了"索马山"——维苏威火山东北部的半圆形山脊。现在活跃的维苏威火山锥顶是在其后几千年中重新形成的。

熔岩穹丘好比盾状火山，是由黏性较大的火山熔岩缓慢喷发形成的。在现有的火山口中，它们看起来就像一个个泡泡。在1980年，圣海伦斯火山喷发后，其火山口内出现了熔岩穹丘，这表明火山深处还在不断活动。与熔岩穹丘很相似，"熔岩滴丘"是一种膨胀的熔岩泡沫，它从较大的熔岩流中冒出，形成一个中等大小的火山灰或火山岩小丘，在加那利群岛的兰萨罗特等地很常见。20世纪90年代初，苏格兰画家威廉敏娜·巴恩斯–

夏威夷的熔岩涌入大海

格雷厄姆在兰萨罗特发现了熔岩滴丘，并将其作为创作的主题。她以繁茂的亚热带景观为背景，表现了它们的忧郁色彩。熔岩滴丘的轮廓令巴恩斯-格雷厄姆极为着迷，在她创作的绘画作品中，线条如流水般自然流畅，温和地卷曲起伏着。

　　她画笔下的熔岩滴丘往往位于画面中央，它们是黑色的、僵硬的，与色彩鲜艳的花朵、田野和房屋形成了鲜明对比。在欣赏威廉敏娜·巴恩斯-格雷厄姆的画时，我们仿佛置身于郁郁葱葱的潮湿环境之中，与干燥且严酷的现实仅一步之遥。

　　火山的外观以及它们对画家的吸引力，完全取决于岩浆的情况。一般来说，熔岩流得越多，火山的形状就越平坦，这是显而易见的。低黏度熔岩的硅含量较低，玄武岩含量较高：夏威夷的火山喷发的低黏度熔岩，形成了池塘、湖泊、河流以及新的陆地。这一火山活动一直是伊拉娜·哈尔佩林作品的主题。位于刚果民主共和国和卢旺达边界的尼拉贡戈火山，也有类似的流动熔岩，这类熔岩在火山顶峰处汇集成火山口湖。这种高度不稳定的熔岩团最近于1977年和2002年发生喷发，岩浆冲破了火山口壁，涌进了下方的山谷，造成严重的人员伤亡，建筑物和庄稼也遭到了严重破坏。火山喷发时，艺术家哈卢特也在场，是众多难民中的一员。

　　维苏威火山熔岩中的硅含量相对较高，会产生流动

伊拉娜·哈尔佩林，出自《自然地质学》，2008 年第 2 期，有色印刷

缓慢的火山碎屑——从火山内部喷发出来的高温混合物。这种"缓慢"使得喷发的威力更大，喷发的高度更高，正如小普林尼在 79 年亲眼所见并描述的那样。在那场火山喷发中，炽热的熔岩柱直冲云天，高达 3 千米甚至更高。熔岩越黏稠（像维苏威火山的熔岩那样），喷发柱保持的时间就越长；熔岩越稀薄，喷发物喷溅和喷涌得越多，这就是夏威夷火山的特点。1944 年维苏威火山喷发时，诺曼·刘易斯也在场。"我到的时候，熔岩正悄悄地沿着主街道向前推进……我已经做好了葬身火海的准备，但这里没有火，也没有燃烧。小镇被遮天蔽日的火山灰缓缓笼罩，使人感到窒息……整个过程出奇地安静。"而伊拉娜·哈尔佩林在 2009 年对夏威夷持续不断的熔岩流

尼拉贡戈火山景观

哈卢特，《尼拉贡戈火山喷发》，1977 年，布面油画

**1872 年维苏威火山大爆发，木版画**

描述为，"自 1984 年以来，基拉韦厄火山喷出的熔岩量，至少可以铺就一条通往月球的道路，且在地球与月球之间能够往返五次。熔岩像普通的水一样流动，就像哈德逊河一样，只不过是血红色的。"

根据目前的状态，火山可被分为三类：活火山、休眠（静止）火山以及死火山。然而，这几个词无法完整概括一座火山，因为火山存在的时间比人类久得多。"活火山"这一描述十分明确，但"死火山"可能只是一种见仁见智的观点，或者说是寄予某种期望的说法。由于几千年不活动而被定义为"死火山"的火山突然"复活"，这表明我们对它们的了解还不够。阿拉斯加的科比特火山就是一个极好的例子，这座火山已有一万年不活动，却于 2006 年喷发了。由此可见，它一直处于休眠状态，而非"死亡"。维苏威火山也如此。老普林尼在其所著《自然史》对世界火山的描述中，并未提及维苏威火山。后来，正是维苏威火山夺去了他的生命。但对于一些"死火山"，我们是可以肯定的。比如，爱丁堡的亚瑟王座是一座形成于 3.5 亿年前的火山塞，其周围的岩石在后来的冰期被侵蚀殆尽，无法再产生任何炽热的喷发物质。我们还可以肯定的是，形成夏威夷群岛西北部（指向西北的岛链尾部）的火山活动早在 700 万年前就停止了。这是因为形成"热点"的岩石圈较薄的部分随着太平洋板块的运动与这些岛屿分离，从而促成了夏威夷大岛的形成。相比之下，大约两千万年前（恐龙灭绝很久之后），冰岛出现在大西洋中脊的"热点"相对于分离的板块来说是静止的。因此，该岛的火山仍处于活跃状态。

超级火山是画家们只能想象的一种火山。它们既不活跃，也不休眠，更不是"死亡"，位于美国黄石公园、那不勒斯附近的坎皮·弗莱克、苏门答腊和新西兰等地的岩石圈下。至于它们的威力，人们在 1815 年印度尼西亚坦博拉火山喷发和 1883 年喀拉喀托火山喷发时就见识过。如今，火山学家也许可以用复杂的设备预测火山活动并在火山喷发前疏散当地居民，但没有人能阻止火山喷发。我们生活在地球表面，脚下是炽热翻滚的岩浆，一切都充满了未知的可能，这令人兴奋且着迷。

乔治·普利特·斯克罗普,《1822 年 10 月那不勒斯维苏威火山喷发》,1823 年,石版画

# 3. 吞天噬地的大火

　　古罗马自然哲学家和历史学家老普林尼在其所著的《自然史》中列出了第一个连贯的活火山名单。他提到埃特纳火山"总是在晚上发光";法塞利斯的奇美拉火山"日夜熊熊燃烧";吕西亚的赫菲斯托斯火山"碰到点燃的火把时,就会猛烈地燃烧起来,连河流中的石头和沙子也会发光"。关于斯特龙博利火山,他写道,"它与利帕里火山的不同之处在于火焰更明亮"。他没有提及维苏威火山,因为人们低估了其危险性,也正是这座火山给他带来了灭顶之灾。

　　79年,维苏威火山喷发。老普林尼的侄子,也就是我们所熟知的书信作家小普林尼详细描述这一可怕的事件。他的作品被视为目击火山喷发的首次书面记录,尽管在公元前400年西西里岛埃特纳火山喷发时,修昔底德对此有过描述,但显然有夸大的成分。17岁的小普林尼勤奋好学,见多识广,在后来写给历史学家塔西佗的两封信中描述了维苏威火山喷发的场景。他目击了欧洲文化的一个奠基事件,这对后代而言不失为一种幸运。

维苏威火山喷发时，恰好有一个年轻人，在恰当的时间、恰当的地点，从海湾对面的米塞努姆看到了这一切，并在事后对此进行了描述——从平凡的一天开始，到死伤无数落幕。他的叔叔老普林尼是驻扎在米塞努姆的罗马舰队的司令，火山喷发时，他俩正待在一起。

看到巨大的烟柱腾空而起时，老普林尼坚持要乘船穿过那不勒斯湾到庞贝城去看看。他因行程中吸入含硫气体和火山灰窒息而死，而他的侄子则拥有更安全、更远的视野。在他出发之前，叔侄俩一起目睹了火山喷发的开端。那是下午的早些时候，值得注意的是，他们一开始还不知道是哪座山在喷发，"离得太远了，看不太清楚……后来才知道是维苏威火山"。

> "喷发物的喷涌仿佛一棵金松，像树干般上升到极高的高度，然后分裂成树枝，这或许是因为喷发物在第一次爆炸中被推射得很高，而后随着冲击力的消退而失去支撑，或者因自身的重量而下坠，于是逐渐散开了。喷发物有时看起来是白色的，有时是污浊脏脏的，这取决于它所携带的泥土和灰烬的量。"

在这一阶段似乎还没有着火的迹象。于是，老普林尼命令他的舰队去执行一项勇敢的任务——营救对岸的人。他的侄子眼看着他们划船离去：

火　山

　　"当船只靠近（庞贝）时，灰烬早已落下来了，
空气越来越灼热，喷发物堆积得越来越厚，被火焰
烧焦、裂开的石块和碎屑到处飞溅。"

　　夜幕降临，火焰变得明显起来。"与此同时……跳跃
的火焰在几处一同闪耀着，它们的光芒在夜色中显得尤
为突出。"接着，地震发生了，房屋剧烈地摇晃着，仿佛
下一秒就要脱离地基，来个翻转。

　　小普林尼在写信前已经收集到关于叔叔以及其他人
死亡的零星信息：

　　"火焰蹿起，硫黄的气味铺天盖地，火势正在迅
速逼近，人们惊叫着逃窜，（我叔叔）也吓得站了起
来。他倚着两个人站着，然后突然倒下了。"

以及最后的死亡：

　　"他吸入了大量的浓烟，原本就脆弱、容易发炎
的气管不堪重负，他最终窒息而亡。26日天亮时，
人们发现了他的尸体，当时距离人们最后一次见到
他已经过去了一两天，他的尸身完好无损，衣着完
整，看上去似乎只是睡着了。"

　　在给塔西佗的第二封信中，小普林尼作了进一步描

述——大海迅速退潮，众所周知，这是海啸来临前的征兆：

> "因为地震，海水迅速退去——至少已经远离海岸，大量海洋生物在沙滩搁浅。"

在信的结尾，小普林尼描述了火山喷发后的景象：

> "浓烟逐渐散去，天真正亮了，阳光普照大地（明亮的光在日食时是淡黄色的）。放眼周遭，人们惊恐地发现房屋和道路都被厚厚的灰烬掩盖。"

这一描述精确且具体，既传统又科学，它依赖于观察，而不需要太多复杂的知识，完美符合现代研究的需要。小普林尼的书信发现于16世纪，其对维苏威火山喷发作了详尽的描述，为后来的记述和写作打下了基础，尤其是爱德华·布尔沃·利顿在其喷发1800年后创作的《庞贝末日》。然而，这些文字并没有告诉我们任何关于维苏威火山喷发前的样子，关于这方面的证据落在庞贝城的火山灰里，直到19世纪才被发掘出来。在发现于庞贝城的壁画中，酒与植物之神巴克斯右手拿着一个高柄杯，垂在身侧。随行的豹子正准备把滴落的酒舔光。巴克斯的身体是由一串葡萄组成的，身后是葡萄的来源——一座坡上长满了葡萄树的山。这座山通常被认

庞贝壁画，巴克斯站在尚未喷发的维苏威火山前

为是维苏威火山，该地因为火山土壤而特别肥沃。

　　一场喷发永久改变了维苏威火山的外形，历史学家斯特拉博描述了其喷发前的样子：

　　"维苏威火山在这些城市（庞贝城、赫库兰尼姆城）附近拔地而起，火山四周都有人居住，除了其顶部。顶部大部分区域是平坦的，但是十分贫瘠，了无生机。山上的岩石上布满了空洞，似乎被火灼烧过。因此，我们可以推测此处曾是一座火山，有燃烧的火山口，现在由于缺乏燃料而熄灭了。"

众所周知，维苏威火山是变化最频繁的山脉之一，其规模最大的喷发对其高度、外形产生了重大影响。如果壁画中所描绘的是维苏威火山，那么在 79 年的大喷发之前，维苏威火山的形状是高低不平的圆锥形。而在此之前的大喷发里，其顶部遭到损毁，坠落后形成了索马山。79 年的大喷发又一次降低了山体的高度，使山顶变得平坦，后来又在一次次喷发中，山顶不断发生变化，直到 1944 年最近的一次喷发。

与此同时，在维苏威火山以南 270 千米处，埃特纳火山正蠢蠢欲动，因为提丰和恩赛拉都斯在里面不愉快地扭来扭去。在 38—40 年，埃特纳火山曾有过一次大规模喷发，整个西西里岛都发生震动。在 1669 年，埃特纳火山仅仅喷发过一次，但其剧烈程度堪比 79 年维苏威火山喷发。埃特纳火山与维苏威火山的结构不同，其两侧均有喷口，几乎一直处于低水平喷发的状态，这使它成了欧洲最活跃的火山。

在中世纪的欧洲，对于少数知道活火山存在的人来说，活火山是恐怖之源。火山对其所在地区的居民来说是可见的，当然，火山喷发后接踵而来的地震并非如此。

null

维苏威火山对比图，19世纪晚期，石版画

在为数不多的文学作品中，火山活动留下了丰富多彩的证据。12世纪的本尼迪特讲述了圣布伦丹航海的故事，他描述了海克拉火山的喷发，这场火山喷发可能发生于1104年。他如此描述冰岛：

"一片被浓烟笼罩的土地，臭气熏天，比腐肉还难闻……火势冲天，火星四溅的梁柱裹挟着废铁被喷向云端，又狠狠地落下……"

据冰岛传奇《弗拉蒂之书》记载，1341年海克拉

马斯库鲁斯,《1631
年维苏威火山和圣贾
努阿里乌斯火山喷
发》,1633 年,版画

火山喷发时,人们看到鸟儿扑向喷溅的大火,他们认为
这些鸟是人的灵魂。冰岛寒冷且遥远,是一个神秘民族
的家园,当地人说着一种别人听不懂的语言。从欧洲人
的角度来看,冰岛并不在通往任何地方的路上。如果中
世纪旅行者追寻温暖、舒适的环境和贸易机会,他们
将选择前往欧洲东部和南部,而不是北部和西部。尤
诺·冯·特罗伊曾在 1772 年与年轻的英国自然哲学家约
瑟夫·班克斯一起攀登海克拉火山。据他所说,《冰岛编
年史》上列出了 1000 至 1766 年间冰岛发生过的 63 次火
山喷发,其中海克拉火山喷发了 23 次。

　　中世纪的历史学家和自然哲学家在写到火山时,要
么是描述它们,要么是试图推测它们是如何活动的。牛
津学者亚历山大·尼卡姆首次使用“火山”一词描述地
火燃烧的地方,意思是“给予火神”:

"如果你认为地球是黑暗的，而其他三种元素（空气、火、水）是明亮的，那么就会有人认为它们是一样的。为什么呢？他们回答说，在视觉上，火神拥有一种与生俱来的光芒，但这种光芒意味着什么呢？大自然的强大力量支撑万物生长，也将物质和火结合起来。"

他想说的似乎是，自然界中所有元素都是结合在一起的，而火神的光芒证明了这一点。

德国学者艾尔伯图斯·麦格努斯用一个有两个塞子的封闭黄铜花瓶制作了第一个火山实验模型。他将花瓶装满水，并加热至沸腾，在压力的作用下，要么上面的木塞弹出，冒出水蒸气；要么下面木塞飞出，淌出沸水。这是有记载的最早的实验之一，完全符合艾尔伯图斯的主张，即"自然科学不在于认可别人的说法，而在于寻找现象的原因"。这句话源自英国皇家学会的会训"nullius in verba"，意为"别把任何的话照单全收，自己去思考真理"。1668 年，皇家学会第一任秘书亨利·奥尔登堡代表学会写信给住在叙利亚阿勒颇的托马斯·哈尔普尔时，就试图做到这一点。他对小亚细亚一些令人困惑的地质和地理问题兴趣浓厚，并询问哈尔普尔是否知道西奈山曾经是一座火山，以及他所在的地区或附近是否有火山。

1669 年英文版《火山：燃烧的火焰山》可能是促使

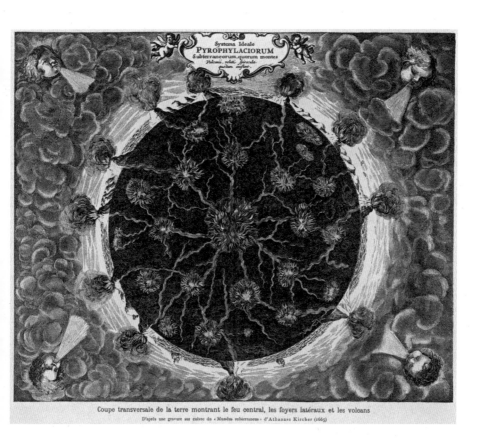

Coupe transversale de la terre montrant le feu central, les foyers latéraux et les volcans

D'après une gravure sur cuivre du « Mundus subterraneus » d'Athanase Kircher (1665)

出自阿塔纳斯·珂雪《地下世界》，版画，显示了珂雪所在的时代对地球内部火山通道横截面的理解

奥尔登堡提出这些问题的原因。这是德国阿塔纳斯·珂雪翻译的《地下世界》的部分内容，于 1665 年首次以拉丁文出版。尽管他可能不是最后一个传统意义上的百科全书式的学者，但他确实有着广博的知识。

珂雪不仅充满智慧，而且极富组织才能，能够在知识的积累、表达和传播方面开辟新途径。他撰写了关于埃及学、地质学、医学、数学等方面的著作。

虽然火山学与潮汐、天气、化石和早期人类一样，只是《地下世界》中的一个主题，但正是珂雪对火山的

阿塔纳斯·珂雪,《目击 1637 年埃特纳火山喷发》,1637 年

理解和对火山的图解为当时的学者和少数受过教育的欧洲人创造了想象空间。英文版《火山》摘录了有关火山的章节,并补充了历史上其他人与火山之间关系的零散信息,其中有许多不同寻常的段落。1666 年,该书在伦敦大部分地区被焚毁 3 年后得以出版,它以一首诗为序,试图透过这座城市最近遭受的苦难抒发情感:

没人比你更懂烈火噬城之痛,

你,可怜的伦敦!深陷火海的伦敦!

神力无边的大自然却说，这只是星星之火。

城镇山丘的烈火已如斯；

那最终的宇宙毁灭之火该如何？

《火山：燃烧的火焰山》是第一部用英语描述全球火山的现代著作，阐述了人们对火山的认识状况，该书的规格仅口袋大小。奥尔登堡向哈尔普尔提问可能是为了确保书中的事实是正确的。该书出版于 1669 年 3 月埃特纳火山喷发后不久，这仅仅是偶然。珂雪的世界观在英文版《火山》中得到了保留，并通过其他记述和修正在原版的基础上进行了大量扩展：

"大西洋被熊熊大火吞没，这场大火以及随之而来的地震将被柏拉图称为亚特兰蒂斯的大陆吞噬了……然而，世界上没有一个地方比美洲更著名了，你可以称它为火山王国。仅仅在智利境内的安第斯山脉（属于科迪勒拉山系）就有十五座火山，因此，人们称它为火地岛。秘鲁的火山数量不比智利的少：六座高不可攀，还有三座位于安第斯山脉的连绵不绝的山峦上。此外，还有无数的火山沟、火山坑和火山湖……在北美洲也发现了五座火山，两座位于新西班牙，其余三座火山部分位于新格拉纳达、加利福尼亚中部，以及墨西哥王国内陆，其熊熊燃烧的火焰令人望而生畏。"

该书接着描述了世界各地的许多火山，包括波斯、亚洲大草原、东印度群岛（亦称香料群岛）、菲律宾、苏门答腊、日本、特纳里夫岛和圣赫勒拿岛的火山。继艾尔伯图斯·麦格努斯之后，珂雪的主要使命是用版画和文字来演示火山是如何活动的：

> "我们将以各种方式证明，地球内部充满了熊熊燃烧的火焰，我们称为'地下火房'或'温室'；我们已经从中心，通过地球所有（假定的）路径推测出了火的来源，甚至能具体到地表的某座火山。"

1638年夜间，在维苏威火山危险重重的活跃期内，珂雪用滑轮带进入了起伏的红色火山口。这一大胆的举动增加了其描述的生动性：

> "目之所见无不令人惊骇，底下是跳动的火焰，延绵不绝地燃烧着，仿佛永远也不会熄灭，硫黄和沥青散发着阵阵恶臭……我看到了地狱的入口……一种说不清道不明的臭味……使我不时反胃。"

这是意大利地质学的活跃时期。根据保存下来的早期外交记录，1538年，在教皇特使西尔维斯特·达里乌斯与苏格兰国王詹姆斯五世的交流中，提到了那不勒斯

1766 年埃特纳火山
喷发，19 世纪晚期，
版画

附近的一场火山喷发，"维苏威火山烧毁了附近的村庄，
数不清的人命丧火海，普特奥利城也遭到了灭顶之灾"。
事实上，这座火山并不是维苏威火山，而是那不勒斯西部的弗莱格雷营火山，这一喷发催生了蒙特诺沃火山。1669 年埃特纳火山喷发时，熔岩流到 17 千米外的卡塔尼亚，摧毁了部分城墙。熔岩层层堆积，使城镇向一侧倾斜。于是，卡塔尼亚的居民试图打破熔岩凝固而形成的侧壁，这是最早尝试控制熔岩流的记录。这使得熔岩流向了附近的帕特诺村，该村的居民与卡塔尼亚居民展开了激烈的斗争，以阻止他们这一计划。

英国日记作家兼旅行家约翰·伊夫林在 17 世纪 40 年代中期穿越阿尔卑斯山，进入意大利。就在十多年前，那不勒斯周围地区遭受了自 79 年以来最强烈的一次火山喷发的破坏。伊夫林对所听说的 1631 年火山喷发和随之而来的海啸作了以下描述：

"这场火山喷发的剧烈程度前所未有，喷射出的大量巨石和碎屑不仅吞没了整座山，还掩埋了众多城镇及其居民，火山灰蔓延一百多千米，彻底摧毁了格雷克葡萄园；岩浆吞噬了整片海洋，巨大的海上漩涡吞没了无数船只。"

但是现在一切都归于平静了，伊夫林对眼前的美景赞不绝口：

"我们最终登上了一座极高的山峰。鸟瞰那不勒斯，它展现了世界上最美好的景色，各具风情的巴

约翰·伊夫林,《从维苏威火山向那不勒斯前进》,1645 年,素描

亚、伊利西亚、卡普里岛、伊斯基亚岛、普罗奇塔岛、米塞努斯和普特奥利,还有那座坐拥大部分第勒尼安海的美丽城市,在适当的距离映入眼帘,没有什么比这更令人愉快的了。"

然而,爬到最后几百米时,伊夫林发现这不是一座普通的山:

"这座山有着两个峰顶,一个峰顶极为尖锐,直冲云霄,相比之下,另一个峰顶则矮钝了不少。我们走近一看,到处都是巨大的裂缝和深坑,里面传来阵阵爆破的声音,冒出一股股烟雾,我们不敢在旁边站太久。登上峰顶后,我停下脚步俯瞰那个骇人的深渊——一个周长约 4 千米、深约 800 米的巨大深坑，其背靠一处垂直的空心悬崖（就像多佛城堡最高处的悬崖），坑壁凹凸不平，底部较为平坦，似乎是火山灰在风的作用下堆积形成的。"

在 17 世纪和 18 世纪初，旅行者们对火山进行了深入研究和思考，因而当约翰逊博士在 1755 年首次出版的《约翰逊词典》中对"火山"的定义仅仅是"燃烧的山"时，人们感到有些惊讶。这一含义与近一个世纪前珂雪提出的"燃烧的火焰山"并无不同，无法反映出这近一百年的科学进步，也不能体现人们对火山不断发展的认识。约翰逊的这一定义即使不是来自珂雪，也是从哲学著作中得出的，比如 17 世纪学者托马斯·布朗的作品，约翰逊在对这个词的文学解释中引用了布朗的话，"航海家告诉我们，在一个岛上有一座燃烧的山，还有许多火山和炽热的小山"。接着，他引用了另一位 17 世纪作家塞缪尔·加思爵士的诗，这首诗的灵感来自荷马：

> "当独眼巨人挥汗如雨时，
> 火山便喷发了，
> 翻涌的烟雾遮蔽了天空。"

理查德·本特利的一场活动让约翰逊做出了最温和的科学解释，即"地下岩石运动，引起地震和火山喷发，喷涌出大量碎石"。

我们不必指望塞缪尔·约翰逊会在他的定义中融入早期科学，毕竟，他将"Chemistry（化学）"的条目与"Chymistry"相关联，并将其定义为：

> 1. 某些物质的汁液，或能够溶化的物质；2. 根据不同词源，选择使用"Chemistry"或"Chymistry"。

这就是他对这一问题最深入的解释。根据约翰逊的说法，"化学家"是"化学教授；火中的哲学家"。

继阿塔纳斯·珂雪的《火山》后，由那不勒斯医生弗朗西斯科·塞拉奥翻译的《维苏威火山的自然历史》于 1743 年出版。尽管该书完整地描述了维苏威火山一次次喷发的过程，但直到 33 年后威廉·汉密尔顿爵士信件合集出版，人们才对火山的变化有了全面了解。塞拉奥写道：

> "1730 年的喷发值得我们注意，不是因为它的猛烈程度，而是因为它改变了火山峰顶，大量可燃物和液态物质沉降在火山口附近，使山顶比以往高得多，也尖得多。"

基于近距离的观察，塞拉奥接着写道：

"另一个引人注目之处在于火焰比平时更明亮，
更跳跃，升到了惊人的高度。从山坡上倾泻而下的
炽热岩浆流并没有大面积流散，然而，在火山南面，
即被索马山山脊遮挡的一侧，一场可怕的大火吞噬
了阿特里亚山谷。"

1669年埃特纳火山喷发时，当地村民仿效卡塔尼亚居民
的做法，对火山采取了直接的实际行动：

燃烧的煤渣烧毁了奥塔亚诺区的一大片树林，
如果村民没有砍伐挡道的树木来阻止火焰的蔓延，
整片树林将毁于一旦。

佚名，《维苏威火山
喷发破坏托雷德尔格
雷科》，1798年，水
粉画

如此规模的火山喷发令人震惊的同时改变了人们的生活。18 世纪，对于当地居民而言，他们似乎将永远受到火山喷发的折磨。一位英国旅者目击了 1737 年 7 月的火山喷发，倍感震撼，他说：

> "我从未见过比这更严重的破坏，一路上连一片树叶、一棵树、一株藤蔓或一根篱笆都看不到……一切都被约 0.6 米厚的火山灰无情覆盖……"

一些英国自然哲学家曾向南到维苏威火山和埃特纳火山，并于 1772 年向北至冰岛，对火山进行了早期的研究。帕特里克·布莱顿于 1774 年登上埃特纳火山，并在给威廉·贝克福德的一系列书信中赞美了他所看到的壮丽景象：

> "火山从地球表面拔地而起，峰顶直冲云霄，其四周没有一座山能与之相媲美，使人震撼又充满敬畏。峰顶高踞在一座世界诞生之初就存在的、深不见底的大峡谷边缘，时常喷涌出河流般的火以及燃烧的岩石，其轰鸣声响彻整座岛屿。"

1784 年 7 月（距离其剧烈喷发前几周）弗朗西斯科·苏罗率领一支西班牙探险队登上了位于秘鲁阿雷基

帕附近的萨班卡亚火山。苏罗的描述反映了攀登活跃火山的危险性，同时，他还描述了熔岩冒出的烟雾和腐水散发的恶臭。

虽然不列颠群岛的地质变化极其丰富，但在 3.5 亿年间没有出现一座活火山。尽管如此，地质学家仍然拒绝承认这一事实。巡回讲师兼化学家约翰·沃尔提尔甚至观察到埃克塞特是建立在一座死火山上的城市，并于 1785 年向伦敦哲学会分会报告了这一点。此外，托马斯·柯蒂斯写信给英国皇家学会秘书查尔斯·布拉格登爵士，讲述了北威尔士弗林特郡一座疑似火山的情况。

佚名，《探索秘鲁米斯蒂火山》，1784 年，钢笔水彩画

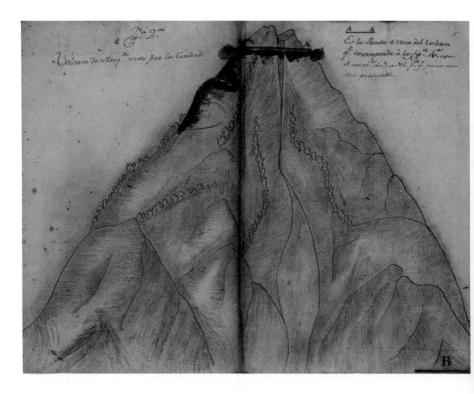

爱尔兰凯里郡的一位旅行者曾称他在香农河口的悬崖内发现了一座火山，于是写信告诉肯摩尔：

> "大约两年前，悬崖上有一块岩石掉了下来，冒出了一股浓烈的硫黄味……从那以后，这股气味经久未散……天气炎热，硫黄的恶臭挥之不去，（当时我还没有想到老普林尼的命运）我迫不及待地想要一探究竟。

> "我从破碎的岩石处倾斜地探入，到达悬崖底部，那里能看到悬崖的全貌，以及火在悬崖上燃烧的过程。抬头看火烧成的不同形状，以及因不同的矿物而呈现出各种美丽颜色，这是一件很有趣的事……整个悬崖的表面似乎由红、黄、黑、白四种颜色的煅烧石和灰烬黏土组成，熔化的硫黄和绿矾就像石匠们注入墙壁的水泥一样，将这些黏土黏合在一起……当地居民告诉我，到了晚上，他们能清楚地看到火焰。当时，我能观察到火焰上方的空气在颤动，就像燃烧的石灰窑上方的空气一样。"

关于火山的科学研究迅速发展。另外，在1781年的一封关于化学蒸馏罐的信中，约瑟夫·普里斯特利和他的朋友约书亚·韦奇伍德讨论了熔岩的性质：

> "判断熔岩是以我们现在所发现的石质状态从火

山中喷发出来的，还是在后来才获得了它现在的稠度和压缩空气的能力，这是有一定意义的。我想要确定这一点，对此可以利用玻璃房里的火来做实验，我希望能够充分利用玻璃房里的火，也希望自己的求知之火永不熄灭。"

从16世纪到18世纪，在科学主导下，人们对火山展开了观察和研究。直到1726年，詹姆斯·汤姆森才在他的长诗《冬天》(出自《四季》)中写道，"海克拉在白雪中燃烧"。紧随科学家的脚步，旅行艺术家也开始探索火山。1772年，约瑟夫·班克斯一行人来到了冰岛，画家小约翰·克利弗雷也在其中。后来，小约翰由此创作了一系列技艺精湛的水彩画。在17世纪60年代，威廉·汉密尔顿对维苏威火山进行科学研究时聘请了彼得·法布瑞斯，彼得彻底革新了有关火山创作的技艺，改变了我们看待维苏威火山的方式。

# 4. 维苏威火山的诱惑

　　威廉·汉密尔顿爵士曾是代表英国利益的杰出外交家，他亲眼见证了西西里王国的兴衰。1801年6月，71岁且已隐退的汉密尔顿写信给约瑟夫·班克斯爵士，主动表示愿向皇家学会提供一系列重要的日记。1764至1800年，汉密尔顿担任英国驻那不勒斯公使，在这将近40年的时间里，他收集了大量珍贵的古希腊-罗马陶器、书籍和手稿，如今这些藏品由英国皇家学会、大英博物馆和伦敦大英图书馆收藏。由于汉密尔顿的外交任务时断时续，因此他有大量的空闲时间去探访遗址，参观私人或皇家收藏的艺术品和古董，满足自己对科学的爱好。汉密尔顿提供给皇家学会的日记此前一直由意大利的牧师兼科学家安托尼奥·皮亚乔神父保存，他用文字和图画记录了1779至1794年维苏威火山的日常活动。

　　与小普林尼一样，威廉·汉密尔顿也是在天时地利人和的情况下对火山进行了记录。他在那不勒斯任职时，维苏威火山正好进入了活动最剧烈的周期。汉密尔

顿和他的第一任妻子凯瑟琳平静地在波蒂奇生活，正如
大卫·艾伦那幅动人的肖像画所记录的一般，而维苏威
火山是当地一个活跃且有趣的景观。汉密尔顿凭借自己
对维苏威火山的近距离观察，以及后来在皮亚乔等人的
帮助下，写下了一系列围绕 18 世纪 70 年代维苏威火山
喷发周期展开的、富有见地的论文，并将这些论文寄给
了英国皇家学会。皮亚乔住在维苏威火山脚下的雷西纳，
汉密尔顿称皮亚乔总是在天亮时就起床，每天都在不停
地观察记录，没有人比他更善于使用铅笔了，他技术高
超的素描说明了一切，也没有人比他更执着于真理。在

大卫·艾伦，《威廉
爵士及其夫人于那不
勒斯波西利波的家
中》，1770 年，铜版
油画

向英国皇家学会递交皮亚乔八卷装订好的手稿时，汉密尔顿承认自己年纪太大了，变懒了，无法着手撰写一篇他认为会成为《英国皇家学会会刊》未来某卷中有趣的摘录。但他补充说：

> "威廉爵士不得不承认，他们并没有具体探明地球内部的火山活动，而是通过火山口的烟雾进行探究的。"

汉密尔顿曾雇用当时居住在那不勒斯的英国艺术家彼得·法布瑞斯，绘制一系列水粉画，其中 59 幅经雕刻和手工着色后于 1776 年出版。汉密尔顿深知要捕捉那不勒斯景致的独特之处需要极为细心的观察，于是聘请法布瑞斯绘制信中所描述的每个有趣的地方，用适当的颜色表现不同的景物。这些画作极其逼真——由红色和橙色描绘的火山碎屑流喷涌而出，沿着山坡倾泻而下，吞噬了无数的房屋和居民。当地人知道维苏威火山喷发物将在一个世纪内使山坡重新变得肥沃，但这并没有让他们松一口气。法布瑞斯的其他绘画作品描绘了一连串形状各异的火山口，它们由喷涌而出的火山喷发物堆积形成，还有清理熔岩的人们，熔岩一旦冷却，要对其进行切割剐蹭，甚至包括不同颜色、形状各异的火山岩标本。威廉·汉密尔顿的论文论述了那不勒斯以西的火山，1767 年和 1779 年维苏威火山喷发，以及埃特纳火山的

喷发。那不勒斯大教堂的教堂登记簿记录了遇难者的遗骸被运到山脚下的日期,这使他对早期的火山喷发活动有了相当准确的描述。他还研究了该地区的地质情况、居民的状况和就业情况。在第一卷的引言中,汉密尔顿写道:

"毫无疑问,活火山附近灾难频发,地震和火山喷发无可避免。整座城市及其居民要么埋葬在浮石和灰烬之下,要么被火海吞噬,要么被火山口喷出的滚滚沸水瞬间冲走。在我们所知甚少的维苏威火山和埃特纳火山的历史中,就有许多例子,赫库兰尼姆、庞贝城、斯塔比亚和卡塔尼亚的废墟以最悲怆的语言讲述了他们所遭受的灭顶之灾。"

维苏威火山越活跃,汉密尔顿就越想爬上去,他多

威廉·汉密尔顿和彼得·法布瑞斯,《燃烧的原野》插图,1760年12月23日至1761年1月8日维苏威火山喷发

次爬到火山口附近,有时在山坡上过夜:

"(1765年3月)我在山上度过了整整一天一夜,沿着熔岩的流向摸索到了源头;它像洪流一般,在剧烈的爆炸声中湮没了离火山口不到1千米的土地……附近的地面像水磨房的木材一样颤动;熔岩的热度极高,使我无法靠近溪流……我用力扔向熔岩的大石块并没有沉下去,仅仅在表面上留下了一个细微的痕迹,很快就被翻滚的岩浆冲走了……其流速堪比塞文河流经布里斯托尔附近时的流速。"

与汉密尔顿一样,另一位身份不详的作家也在山上有一段充满戏剧性的经历,他在1805年描述了看到熔岩

后极度兴奋的感觉：

　　"想象自己是一个巨大的燃烧焦炭堆，宽约 1.6 千米，厚约 3.6 千米，在前进的过程中摧毁目之所及的一切。然而，看到熔岩流并没有想象中的那样迅速前进，我有好几次想走近一点看看。我接住满天飞散的灰烬，其余温使我的脸微微发烫。它像变戏法一样前进着，树、墙和房子似乎只要一碰到它就立刻轰然倒塌。人们纷纷为其驻足，大片树林燃烧着，那些树与埃克塞特教堂院子里的树一样大，火舌蹿至树梢，最终化为灰烬。亲爱的朋友，这就是火山喷发。在我看来，这是有史以来所能看到的最伟大的景象之一。"

火山不仅吸引了艺术家的目光，还能促进外交，同时，还具有娱乐性。汉密尔顿在火山喷发期间陪同国王斐迪南四世及王后登上维苏威火山，炽热的火光映衬着他们的脸颊。他们看到熔岩流沿着一条被挖空的通道从15米的地方倾泻而下。法国画家约瑟夫·弗兰克记录了斐迪南四世及其儿子弗朗西斯王子和卡拉布里亚公爵再次登上火山的情景。图中，坐着的是弗朗西斯王子的妻子——奥地利公主玛丽亚·克莱门蒂娜。他们一行九人身着军装，戴着勋章、绶带和羽毛帽子，在巨大的熔岩流面前仿佛不堪一击。然而，在这片凄凉的戈雅式景致里，一切又都显得格外动人。

18世纪中后期，不少外国画家慕名而来，如法国的皮埃尔-雅克·沃莱尔、英国德比的约瑟夫·赖特和奥地利的迈克尔·伍特克。当时的那不勒斯是一个独立国家

威廉·汉密尔顿和彼得·法布瑞斯，《燃烧的原野》插图

约瑟夫·弗兰克，《国王斐迪南一行游览维苏威火山》，1815 年，布面油画

泽维尔·德拉·加塔，《维苏威火山喷发》，1794 年，水粉画

的首都，也是一个繁荣富饶的贸易港口，它既保持了与罗马教皇的政治距离，又平衡了与英国、法国和奥匈帝国的经济和政治关系。这一定位催生了早期企业，推动形成了一个经济体，而艺术市场是其中必不可少的组成部分。因此吸引人的不仅仅是维苏威火山，旺盛的供需关系也起着重要作用。在这一时期与沃莱尔一起出售火山绘画作品的画家包括卡米洛·德·维托、泽维尔·德拉·加塔和其他没有留下姓名的人。

　　沃莱尔在巴黎师从韦尔内，并于 1764 年移居意大利，定居在基艾亚的丽都河畔那不勒斯，与火山隔湾相望。在那里，他因描绘维苏威火山喷发而备受追捧。1771 年火山喷发后，他进一步提升了自己的画技，使熔岩和月光之间形成强烈的对比。他精湛的技巧和大胆的精神影响了周围许多画家，包括赖特和伍基，沃莱尔也是威廉·汉密尔顿最欣赏的艺术家，汉密尔顿买了不少他的作品。沃莱尔比洛可可风格的画家年轻一代，他把洛可可风格的题材从华丽梦幻的仙女和牧羊人转移到炽热猛烈的火山上。面对欧洲不断发展的革命以及新古典主义和浪漫主义的兴起，洛可可风格已经变得不合时宜。而沃莱尔为这种纤细而又软弱的风格注入了力量和激情。洛可可风格的画家可能会用一串巧妙排列的玉米捆、园艺工具或者贝壳在一幅画或一件家具上创造出一种相互连接的形式，而沃莱尔在描绘夜间喷发的维苏威火山时以一群扑打着翅膀的鸟和一棵摇摇欲坠的树来衬托这场毁灭性的喷发。

在 18 世纪中后期，像德比的约瑟夫·赖特一样来到那不勒斯的英国画家还包括威尔士的托马斯·琼斯和苏格兰的雅各布·莫尔。从 1774 年 10 月初到 11 月初，赖特在那不勒斯仅仅待了不到四周。在那段时间里，他是威廉·汉密尔顿的座上宾。那不勒斯的经历为赖特提供了大量素材，这些素材成就了他毕生的作品和死后的声誉。维苏威火山为赖特进行了盛大的表演，正如他在信中告诉他的哥哥理查德的那样，"当时有一次规模相当大的喷发，我要是把它画成一幅画，那得是大自然中最美妙的景象啊"。这幅生动的水粉画《正在喷发的维苏威山》无疑是赖特所目睹的火山喷发的直接记录。

德比的约瑟夫·赖特，《正在喷发的维苏威火山》，1774 年，水粉画

皮埃尔-雅克·沃莱尔，《维苏威火山夜间喷发》，18 世纪 70 年代，布面油画

赖特患有忧郁症,他称为"迟钝"。他于1783年写道:"我已经拖了四个多月了,但我还是不想拿起我的画笔。"这种情况反复出现,以至于我们可能认为,这对他作为艺术家的创作产生了不好的影响。事实上,从某种程度而言,他回到意大利题材不仅是为了卖画赚钱,也是为了获得某种肯定和安慰。赖特的意大利之行为他的创作提供了素材,包括内米湖、阿尔巴诺湖和吉兰多拉。他的《卡塔尼亚与埃特纳火山》具有维苏威火山题材所特有的平静感,这可能是为了衬托喷发的维苏威火山。

虽然以内米湖和卡塔尼亚为主题的画让他的内心平静和稳定下来,但其他画作所画的色彩浓烈的猛烈喷发

德比的约瑟夫·赖特,《卡塔尼亚与埃特纳火山》,约1775年,布面油画

仍将其愤怒、不确定和缺乏信心体现得淋漓尽致。《从波蒂奇观维苏威火山喷发》是赖特第一幅描绘火山喷发的画作,可能是 1775 年 11 月他从那不勒斯返回罗马时开始创作的。这幅画作被约翰·利·菲利普斯买下,约翰早已收藏了许多赖特的画作。第二幅画作《从喷发中的维苏威火山俯瞰那不勒斯群岛和海湾》创作于一两年后。第三幅画于 1778 年展出,随即被俄罗斯凯瑟琳大帝买下。赖特自己留下了第四幅画,这幅画在他死后才被出售。在这些画作中,赖特从山脚的某个角度着手,展现了索伦托半岛、那不勒斯港口的防波堤和灯塔以及海湾本身的美丽景致。

德比的约瑟夫·赖特,《从喷发中的维苏威火山俯瞰那不勒斯群岛和海湾》,约 1776 年,布面油画托马斯·琼斯来到那不勒斯的时机更为幸运。1778年9月，他初来乍到就看到"远处的维苏威火山喷发出大量的烟雾，形成了一条极长的云带，仿佛没有尽头"。一两天后，他登上了这座火山，看到了翻滚沸腾的熔岩，熔岩流由熔化的物质流体组成，发着灼热的亮光，其表面漂浮着巨大的、被烧焦的不规则碎石块。"在这条刚形成的熔岩流下方，我们穿过凝固的熔岩，来到了一个葡萄园，园子已经被摧毁了，但就在前一天，它还是完好无损的……"

琼斯在他的回忆录中记录了这次火山喷发是如何迅速吸引身在罗马的英国人的，雅各布·摩罗就是其中之一，他创作了许多被其称为"飞行草图"的作品。琼斯

托马斯·琼斯，《从那不勒斯附近的托雷·德尔·安农齐亚塔看维苏威火山》，1783年，布面油画

回忆说，"没有人等他，他自己想办法跟上了大部队，带回了十几张在不同场景描绘的画作"。雅各布·摩罗的《维苏威火山喷发》描绘了老普林尼及其同伴临死前的场面，其副标题《庞贝末日》则是在 1834 年爱德华·布尔沃·利顿的小说出版后添加的。

难以置信的是，德比的约瑟夫·赖特在随后的几年里以火山为主题创作了一幅画——《注视》。这幅画的远景是一座想象中的美国火山，它冒着烟、发着光，火山周围正电闪雷鸣。图画前景的女子表现了当地酋长的遗孀们的习俗，即在丈夫死后的 28 天里，每天坐在一棵挂

德比的约瑟夫·赖特，《注视》，1785 年，布面油画

着他生前使用的弓箭和战斧的图腾树下哀悼。正如赖特于 1785 年在考文特花园展出这幅画时所说的那样，"她仍然处于这种没有庇护的境地，在恶劣的天气中冒着生命危险遵守着习俗"。赖特用火山喷发表现这位寡妇所遭受的苦难。这是早期的表现形式，带有严肃艺术意味的火山隐喻。

当艺术家们着迷于火山的力量和美丽时，科学家们开始爬上火山进行测量。年轻的迈克尔·法拉第兴奋地描述了与老师汉弗莱·戴维爵士于 1814 年 5 月一起攀登维苏威火山的经历。法拉第在山顶上发现：

> "浓烟遮天蔽日，火焰蹿得极高，整个场面既壮观又可怕……有时，我们能看到火焰从一个巨大的喷口中猛烈地喷出，烟雾和水汽在厚重的云层中上升；当一切仿佛归于平静时，火焰的轰鸣声又在耳边响起……我鲁莽地去采集一些岩石样本，这让我不得不跨越熔岩流，真是危险极了。"

在 1815 年 3 月再次登上维苏威火山时，法拉第在山体颤动摇晃时表现得更加鲁莽：

> "我听到了火焰的轰鸣，不时能感觉到山体的震动……我们往前走，从一处凝固的熔岩跳到另一处，向火山口的边缘前进。同时，我们小心翼翼地不让

自己滑倒，这不仅是为了避免麻烦，而且也是为了
防止被烧焦，因为火山口底部的温度极高……地面
在不断地颤动，爆炸也在接连发生……大量被熔岩
裹挟的岩石和碎屑被喷向高空，它们有时落在我们
附近，给我们带来了极大的威胁。"

这些早期科学家勇气可嘉，但也令人担忧。当地震
使山体像果冻一样摇晃时，他们在熔岩上煎蛋，享用丰
盛的午餐。

科学家兼作家玛丽·萨默维尔与她同时代的艺术家
一样向往维苏威火山。动身前往这座山前，她被暴风雨
前的平静诱惑，跟她的婆婆说，"现在这里甚至没在冒
烟，我们应该可以爬上山顶了——它不是很高，听说不
太难爬"。1818年3月，玛丽带着女儿玛格丽特及其他家
人登上了维苏威火山：

"一开始，我们穿过厚厚的火山灰，每走一步都
会向后滑半步。接着，我们碰到了凝固的熔岩流，这
条熔岩流仿佛陡峭的楼梯或者梯子，我们放慢了脚
步，用毅力战胜困难。最后，我们走到三个月前火山
喷发涌出的熔岩处。这里没有冒烟，许多地方又红
又热，我们坐了下来，在熔岩里烤了鸡蛋，就像坐
在火炉上一样吃饭。吃完后，我们开始向火山口攀
登。火山口的温度高得几乎要烤熟我们的脚，硫黄

的气味变得令人窒息,但这阻止不了我们继续往上攀登。很快,我们看到了巨大的火山口。我被深深地震撼了,敬畏之情从心底升腾。我一动不动地站着,久久无言。火山口面积极大,深不可测,内壁粗糙可怕,每一个缝隙都冒着各色的烟雾,有黑色、红色、绿色、黄色、橙色等,这些烟雾都是由水蒸气形成的。高温和浓烟使我们无法靠近,于是,我们决定绕道而行,花了大约一个小时。我们用手帕捂住口鼻,以最快的速度穿过浓烟弥漫的地方,烟雾太大,我们几乎看不见彼此。红色的火焰从多处蹿出,热得我好几次以为衬裙着火了。绕着火山口的边缘行走时,我们看到了一个巨大的、深不见底的洞,熔岩流正从那里猛烈地奔腾而出……我们心满意足地从一处没有熔岩的地方下山,每一步都用尽全力,厚厚的火山灰几乎淹没了我们的膝盖。半小时后,我们回到了山脚下,骑上驴,回到了瑞西纳,那里有马车在等着我们。回到那不勒斯已经是下午了,这一趟登山之行确实累,但还不算太累,不过大家都脏得不得了。”

玛丽·萨默维尔凭借巨大的勇气和冒险精神,在火山口观察了这座蠢蠢欲动的火山,汉弗莱·戴维和迈克尔·法拉第也是如此。他们都对这座活火山的色彩和炽热作了描述。而历史学家安娜·杰姆森则注意到这座山

峰发出的声响,她在 1826 年写道:

> "此刻,维苏威火山像一个巨大的火炉一样熊熊
> 燃烧;每隔一分钟或半分钟,就会有无数火红的石
> 块喷涌而出,像阵雨般落下,沿着山体向下滚落。
> 东面有两股熔岩流倾泻而下,闪着白炽的光。远处,
> 每一股火焰都伴随着类似大炮的轰鸣声喷涌而出。"

然而,对于那些有幸能在安全距离观看的人来说,
火山不仅仅是一个巨大的自然展品。18 世纪晚期,它们
产生了连锁反应,在欧洲表现得尤为明显。人们渐渐认
为远处的火山是造成天气反复无常的罪魁祸首。1783 年,
横贯冰岛东北部的火山裂缝出现断裂,从 6 月到次年 2
月的 8 个月时间里,不断喷发出熔岩和二氧化硫气体,
二氧化硫与大气中的水汽发生反应,形成硫酸毒带。熔
岩蔓延了三四十千米,9 000 平方千米的土地被熔岩或火
山灰覆盖,庄稼和牲畜都毁于一旦。几周之内,熔岩流
已经向南蔓延。自然学家吉尔伯特·怀特观察到了火山
的影响,他描述了汉普郡塞尔伯恩的花园里发生的事情:

> "1783 年的夏天充满了惊奇和不祥的征兆,除
> 给各地带来威胁的流星和雷暴外,欧洲各处甚至欧
> 洲以外的地方都弥漫着一股奇怪的烟雾,持续了好
> 几周。这是一种从未有过的奇特现象。我从日记

中注意到，这个奇怪的现象发生于 6 月 23 日至 7 月 20 日。在这段时间里，各地的风都在变化，但空气中没有任何变化。正午的太阳在地面和房间的地板上投下了铁锈色的光，但在日出和日落时呈猩红色，令人胆寒。酷热的天气持续了许久，屠夫卖的肉隔天就馊了；苍蝇在小路和树篱上嗡嗡作响，把马弄得发狂，不停地撅蹄子。人们开始用一种迷信的眼光看待落日的红色，即使是最富智慧的人也会感到忧虑，因为在这段时间里，卡拉布里亚和西西里岛的部分地区因为地震出现了裂缝，大地不时发生震动，与此同时，挪威海岸边出现了一座火山。"

1941 年版的《塞耳彭自然史》（由博物学家詹姆斯·费舍尔编辑）给这段话加了脚注（"奇怪的烟雾"和随后发生的一切"很可能是由于远方的一场火山喷发"）。

1816 年同样充满了不祥之兆。1815 年 4 月，当欧洲的目光集中在政治和军事灾祸时，爪哇岛东面松巴哇岛的坦博拉火山喷发了。这座遥远的火山位于世界的另一端，其喷发的瞬间就葬送了上万人的性命，摧毁了坦博拉和桑加尔王国，坦博拉语从此失传，饥荒和疾病开始肆虐。在此次火山喷发中，至少有 11.7 万人死亡。这场灾难首先使欧洲的落日异常鲜红。接着是刺眼夺目的光亮，最后是持续了数月可怕的天气：1815 年 6 月 18 日滑

铁卢战役前，整夜的倾盆大雨使道路异常泥泞，也增加
了白天的混乱和恐怖。拜伦在《恰尔德·哈洛尔德游记》
中利用天气烘托情感：

　　"炮火的硝烟像云雾似的盖住了沙场，烟消云散
　　之后，大地已铺盖了厚厚一层死尸，横七竖八，等
　　待底下的泥土把他们掩埋，不论骑士还是战马、朋
　　友与仇敌——一股脑儿埋葬在红沙战场。"

　　第二年的夏天也一直在下雨。画家约瑟夫·马洛
德·威廉·透纳在约克郡坑坑洼洼的路上被困了好几周，
他抱怨道，"雨下个不停"。

　　19 世纪前后的几十年全球火山活动非常频繁，意大
利、冰岛、爪哇以及西印度群岛的圣文森特岛都有火山
喷发。值得注意的是，这种剧烈的地质活动与欧洲长达
几十年的革命发生在同一时期。事实上，这两种现象，
即地质和政治现象，有着许多独特的联系。1783 年的
拉基火山喷发摧毁了整个欧洲的庄稼，导致面包价格上
涨，这也是六年后法国大革命的导火索之一。在此之前，
关于火山活动的科学观察和文学记录从未像现在这样被
如此全面高效地编录。在火山喷发第一时间描绘的画作
使得科学写作更为准确，这种写作基于现场收集的数据
和更为长远的思索。1812 年 4 月 30 日，海军军官托马
斯·凯雷目睹了圣文森特岛苏弗里耶尔火山喷发。四个

月后，他在写给妹妹的一封信中描述了自己当时的感受，
"这场火山喷发可怖至极，我仿佛被炸得四分五裂"。这
就是火山喷发的真实写照，几乎所有在这一时期提及火
山喷发的人都表明了这是他们见过的最可怕的场景。这
一时期的作品反复将火山喷发的巨响与军事炮声作比较，
将熔岩流比作河流，描述火山口的深不见底及其红黑相
间的粗糙内壁。到了18世纪，人们觉得自己仍然处于地
狱深处，中世纪和原始神话传说的阴影还没有完全消散。
个人经验凌驾于相对性和判断力之上：

> "然而，报纸的报道无法完整传神地描述在那个
> 极端恐怖又令人敬畏的夜晚。历史上或许没有出现
> 过比这更可怕的火山喷发，我认为，除冰岛的海克
> 拉火山喷发外，维苏威火山和埃特纳火山的喷发无
> 论在持续时间还是在规模上都无法与之相比。

> "火山灰落到了巴巴多斯以东约960千米的一艘
> 船的甲板上，而巴巴多斯离圣文森特岛至少有96千
> 米远。爆炸声彻夜不停，一直持续到第二天早上6
> 点，其声响堪比一万门大炮齐鸣，向风群岛的背风
> 面都能听得一清二楚……火山在喷发过程中形成了
> 一个新的火山口……老火山口的周长约为5千米，
> 直径约1.6千米，形状十分接近圆形。其深度约为
> 550米。"

　　这场火山喷发惊动了学术界和政界。下议院委员会为此召开了一场会议，不久之后，地质学会也展开了一次相关讨论。1815 年，约瑟夫·马洛德·威廉·透纳在皇家学院展出了一幅苏弗里耶尔火山喷发的画作，这幅画是在坦博拉火山喷发时展出的，这场火山喷发让他来年在约克郡遇到了不少麻烦。这幅画名为《1812 年4 月30 日午夜圣文森特岛苏弗里耶尔火山喷发——源自休·基恩的素描》，这幅画不是他自己观察所得，而是根据律师兼糖料种植园主人休·基恩的一幅素描完成的，而这幅素描至今下落不明。正如标题所示，透纳努力表明自己并未目睹火山喷发，尽管如此，他还是给这个被烈火和白炽光灼烧的夜晚注入了一股非同寻常的戏剧感。在透纳留下来的信件和文学作品中，没有关于基恩的其他信息，因此，他们是如何相遇的也尚不明确。然而，人们发现，19 世纪早期，透纳在西印度群岛的奴隶制问题上有一定的私人利益，这两人很可能因此结识。虽然基恩的画作没有留存下来，但他的日记保存下来了。在这些日记中，他简短而生动地实时记录了自己的所见所闻：

　　"1812 年4 月29 日星期三：……我看到苏弗里耶尔火山周围乌云密布，火山口不停地吐着黑烟。4 月30 日星期四：……到了下午，从火山传来的轰鸣声更大了，7 点钟，火苗冒了出来，可怕的喷发开始了。我整晚盯着火山看，在凌晨 2 点到 5 点之间，碎石块喷涌而出，地震接踵而来，几乎要毁灭一切。5 月 1 日星期五：……整个岛都陷入了一片黑暗……山上整晚都很安静……5 月 3 日星期天：……河流干涸了，土地上布满了煤渣和硫黄……到处都是烧焦的牲畜的尸体……5 月 6 日星期三：……火山又一次从 7 点燃烧到八点半。5 月 7 日星期四：7 点起床描绘火山喷发。"

约瑟夫·马洛德·威廉·透纳，《1812 年 4 月 30 日午夜圣文森特岛苏弗里耶尔火山喷发——源自休·基恩的素描》，1812 年，布面油画

这很可能是透纳所提及的素描，受这幅素描以及与基恩的谈话启发，透纳在一首诗中用文字描绘出了一幅

生动的画面，诗中蕴藏着巨大的能量：

> "在巨大的恐惧中，红色的火山跃然眼前。
>
> 它在惊雷中震颤，伴着亮如白昼的闪电，喷发物如箭矢四散。
>
> 洪流般的火焰奔流而下，恍如世界末日，
>
> 岩石融化，森林燃烧，熔岩流咆哮如雷，
>
> 齐齐涌向地面。"

这首诗很可能是在他创作这幅画之前写下的，目的是给自己带来更多的灵感和启发。为了让观众在欣赏画作时有更清晰的感受，透纳将这首诗一并展出。有趣的是，如果把这幅画想象成发生在白天的场景，浇灭火焰，除去熔岩和异象，那么，这幅西印度火山喷发的画作就具备了英格兰湖区或苏格兰山丘地区油画的所有特征。

几十年来，透纳因其写实的风景描绘而备受青睐，他也会自创一些东西。他的作品还涉及了西印度群岛、印度、中东，甚至还有从智利海岸瞥见的安第斯山脉，尽管他并没有去过这些地方。他还描绘了维苏威火山喷发，尽管他看到维苏威火山在冒烟，甚至已经爬到了火山口，但他也没有目睹其喷发。1819 年，他在那不勒斯的两周里，这座火山并没有喷发。1819 年 10 月，维苏威火山口冒出了两股白烟，透纳在风将它们合为一股之前

透 纳,《那 不 勒 斯:
维苏威火山》,选自
《色彩研究素描本》,
1819 年,水彩画

敏锐地注意到了,并且毫不费力地将其描绘了出来。

透纳画笔下壮丽的那不勒斯湾和维苏威火山喷发都是想象出来的,而那些天赋不高的画家们则需要目睹才能描绘出来。1811 年 6 月,正位于亚速尔群岛圣米格尔附近的蒂拉德船长收到报告称,费拉里亚蓬塔岛附近海域有一座岛屿正在上升,他立即命令护卫舰"塞布里纳"号启航前去一探究竟。他身边的画家对这里的烟雾和熔岩进行了细致的研究。就像 20 年后地中海的格雷厄姆岛一样,这片炎热干燥的土地被宣布归大不列颠王国所有,并被命名为塞布里纳岛,然后它就永远消失了。

随着火山知识的增长,人们对其理解和误解也随之加深。拜伦告诉出版商约翰·默里,汉弗莱·戴维和拜

伦彼时的女友特丽萨·圭契奥尼的一次交谈：

约瑟夫·马洛德·威廉·透纳，《维苏威火山喷发》，1817 年，水粉画

"她在那位伟大的化学家面前展现自己的学识，描述了 14 次登上维苏威火山的经历。特丽萨·圭契奥尼问道，'爱尔兰有类似的火山吗？'我对爱尔兰火山的唯一概念是基拉尼湖，自然而然地认为她也是这样想的，但转念一想，我猜她指的是冰岛的海克拉火山，事实证明的确如此。她以女性那种温和而执着的态度，坚持对火山地貌看法。"

约翰·马丁，一位清贫但有进取心的画家，他于

1806年从泰恩河畔的纽卡斯尔来到伦敦，并在伦敦发家致富，到19世纪20年代初，他已成为全城居民茶余饭后的谈资。1822年，他在皮卡迪利富丽堂皇的埃及大厅展出了一组画作，其中包括《庞贝古城和赫库兰尼姆的毁灭》，首次展览就引起了轰动。年轻的建筑师安布罗斯·波因特向当时住在罗马的朋友罗伯特·芬奇讲述了这一切：

> "（马丁）刚刚完成了一幅巨大的画作——《庞贝古城和赫库兰尼姆的毁灭》。这幅画的天空呈橙黄色和朱红色，至于前景，他尝试了与未完成的《伯沙撒》同样的效果，风景包括鸟瞰维苏威火山所能看到的每座城市（赫库兰尼姆、多伦蒂斯、庞贝城、斯塔比亚等）。马丁对细节的处理也同样非同凡响。"

马丁因灾难性死亡和毁灭的主题画作发迹，这颇受争议。然而，在19世纪三四十年代，由于个性，他拿出了全部财产，花费了十年的时间试图建设土木工程基础设施，使伦敦有一个自由运行的、永久的清洁供水系统，但以失败告终。公民责任感在他身上发挥到了极致，但在承担这一责任的过程中，马丁成了人们的笑柄。然而，在他风光的日子里，他比透纳更受欢迎：他的油画和版画都价值好几千元。他给自己施加了巨大的压力以求成

功。此外，在 1812 年，他的叙事画《萨达克寻找遗忘之水》在皇家学院进行展览。他后来写道，"这幅作品被刊登在报纸上，并且顺利卖出去了，这使我非常高兴"。这一主题源自英国作家詹姆斯·雷德于 1764 年以波斯风格创作的流行一时的故事《萨达克和卡拉斯拉德》。勇士萨达克身材矮小，为了赢得所爱之人的心，他蹚过了火山附近的一条地下河：

> "他继续往前走，滚烫的地面灼伤了他的脚，硫黄的恶臭使他喘不过气来。终于，他看见了一个巨大的山洞，里面流淌着一条黑水小溪。"

约翰·马丁，《庞贝古城和赫库兰尼姆的毁灭》，约 1821 年，布面油画

约翰·马丁，《萨达克寻找遗忘之水》，1812 年，布面油画

这幅画已经具备了马丁式的一切要素：浓烈的色彩、令人绝望的环境，以及强大而可怕的自然力量。马丁巧妙抛开当时流行的乡村风景主题，把目光投向恐怖、压抑和反常的环境。图中，萨达克身处一座正在活动的火山的中心，这类火山完全符合当代旅行者的描述。

在画家和买画人痴迷于维苏威火山和埃特纳火山时，像海克拉这样遥远的火山无人问津。直到 20 世纪，冰岛中部还是人迹罕至，甚至连冰岛当地人也不常去，他们仍然生活在海岸边，尤其是西南海角的雷克雅未克。尤诺·冯·特罗伊观察到了火山普遍特点：

> "几乎没有一场火山喷发是悄无声息的，因为即使在很远的地方也能听到巨大的轰鸣声……火山喷发前，即将涌出火山喷发物的地方会发生断裂，造成巨响，冒出许多火星。"

冯·特罗伊还描述了冰岛特有的一些现象，即发生在冰川下的火山喷发，会导致大量冰块爆裂，发出可怕的响声……接着，火焰喷涌而出，火光和浓烟在几千米外都能看见。

18 世纪，一位名不见经传的丹麦画家奉丹麦国王克里斯蒂安六世之命前往冰岛，并运用了相当丰富的想象力加之旅行者的描述，绘制了一系列充满戏剧性的冰岛火山喷发的油画。他可能没有经历过真正的火山喷发。

佚名,《冰岛火山喷发》,18世纪初,布面油画

高耸的红色山峰,仿佛一块冲出地面的血肉模糊的痈,它与典型的火山明显不同,却与真实的火山喷发一样令人惊愕震撼。该系列的其他画作都是采用漫画的形式,描绘的是从海中升起的岩石岛屿或内陆岛,这位画家运用了意大利文艺复兴时期的手法,而不是根据实际经历描绘。克拉夫特收藏的海克拉火山喷发画作中的奇幻景色十分逼真,而这些作品并非如此,他为观众营造了一个意境,即游船在火山周围的一个湖泊(根本不存在)上行驶,附近有一个整洁的观景台。

火山以其无与伦比的力量和尚未能完全解释的动力成为讽刺的绝佳隐喻,政治画家早就发现了这一点。出

佚名，《冰岛火山喷发》，18 世纪初，布面油画

佚名，《冰岛海克拉火山喷发》，18 世纪晚期，水粉画

The ERUPTION of the MOUNTAIN,— or — The Horrors of the Bocca del Inferno; with the Head of the Protector SAINT JANUARIUS carried in procession by the Cardinal Archevêque of the Lazaroni.

**詹姆斯·吉尔雷，《火山喷发》，1794年，手工着色的铜版画**

于喜剧或讽刺目的，关于火山的比喻变得十分普遍。1794年，詹姆斯·吉尔雷用其隐喻法国大革命失控的恐怖。仅在那一年，法国就有超过1.5万人被送上断头台。吉尔雷描绘了激进的英国政治家查尔斯·詹姆士·福克斯，这位被人们举着头颅绕着维苏威火山行进的景象，就像圣·贾努瑞斯一样，仿佛有着使火山平静的魔力。

1801年，威廉·汉密尔顿爵士回家后的第二年，吉尔雷的《沉思的古典美人》面世，画中描绘了一个失去美丽妻子的年迈老人的悲凉隐居形象。图中，他正弯着

A COGNOCENTI contemplating ȳ Beauties of ȳ Antique.

腰,失望地用倒置的眼镜观察莱斯妻子的大理石半身像,半身像的鼻子和嘴巴都不在了。旁边是酒神女祭司的雕塑,其姿势像极了汉密尔顿夫人,后面是埃及公牛、丘比特、野兔等雕塑,还有其他古董残片。墙上挂着四幅画,分别是克利奥帕特拉、马克·安东尼、克劳多斯,以及喷涌出红色熔岩的维苏威火山。在弗雷德里克·乔治·拜伦的另一幅讽刺画中，埃德蒙·伯克嘴里喷出猛烈如火山喷发般的话语，猛烈抨击福克斯和谢里登。

就像18世纪的漫画家用维苏威火山作隐喻一样，后来的漫画家们也用艾雅法拉火山喷发来评论当时的时政大选运动。

鲁道夫·拉斯佩在他的漫画《蒙乔森男爵的冒险之旅》中描述了，他是如何受到帕特里克·布莱顿《穿越西西里至马耳他》的启发，使蒙乔森男爵去埃特纳山冒险的。接着，像恩贝多克利一样，鲁莽的蒙乔森纵身跃进了埃特纳火山口。在那里他遇到了火神和独眼巨人，他们慷慨地款待了他，并医治了他在跌落时所受的伤。火神说，他生气时会把滚烫的木炭扔向仆人，而仆人们

弗雷德里克·乔治·拜伦，《反对火山》，1791年，手工着色版画

99

则会避开这些炭火，并将其抛出火山口，这就是你们普通人所说的火山喷发。后来，火神把蒙乔森介绍给维纳斯，维纳斯对他十分宽容友好。他着实是个幸运的家伙。但好景不长，火神对他们之间的友好关系十分嫉妒，便把他扔进了一口井里，他从井里穿越到地球的另一端。

# 5. 格雷厄姆岛的诞生和庞贝城的末日

 

 

1831年6月末，一些水手在经过夏卡（位于西西里岛南部）和潘泰莱里亚岛（距突尼斯120千米）之间时，逐渐意识到水面出现了不寻常的波动，海面下暗潮汹涌，船体也震动不已。这种情况并不罕见：以前火山地区的水手们就曾描述过这种波动。英国皇家海军"迅捷"号舰长史文伯恩在6月28日注意到了这一点，在接下来的两三天里，地震变得更加频繁。当地渔民称，海水变得浑浊，并冒着气泡。一开始，他们乐呵呵地以为一个巨大的鱼群正在靠近，但很快就有数百条死鱼浮到水面上，冒过气泡的地方空气散发出硫黄的臭味。在接下来的日子里，夏卡地震不断，电闪雷鸣，人们的银勺在酸性空气中迅速变黑。远处的海面上冒着一股浓烟，许多人认为这股烟来自一艘驶往马耳他的汽船。不久，来自西西里、那不勒斯、撒丁岛和马耳他以及英国、法国和西班牙的船只开始频繁来到这个新兴岛屿的周围，他们无不惊叹大自然的强大力量及其不可预测性和机遇性。

英国学院,《格雷厄姆岛》,1831 年,水彩画

　　7 月 17 日,由海军中将亨利·霍瑟姆从马耳他派遣的英国军舰"不列颠"号和"迅捷"号与"阿德莱德"号、"菲洛墨拉"号和"欣德"号会合。英国海军舰艇的出动表现了英国对其强烈的政治兴趣。

　　这个岛越来越大,直到 7 月 22 日,它变成了周长 1.2 千米的环形岛,西北侧高 25 米。继配备有望远镜、六分仪、铅垂线的海军舰艇之后,带着笔记本、气压计和器皿的科学家们(来自西西里岛的卡罗·吉梅拉罗、来自德国的佛德烈曲·霍夫曼、来自法国的康斯坦斯·普尔沃斯特以及来自英国的约翰·戴维博士——马耳他医疗队的队长、汉弗莱·戴维爵士的弟弟)也来到了岛上。他们测量、记录、嗅闻充满硫黄气味的空气。普尔沃斯特称这座岛屿的出现就像打开了一瓶香槟,而戴维则将其比作手枪和步枪射击。普尔沃斯特把这座岛屿命名为朱利岛，因为它出现在 7 月份。8 月 2 日，英国"欣德"号舰长森豪斯称，这将是一个永存的岛屿。为纪念海军部第一任领主詹姆斯·格雷厄姆爵士，他将其命名为格雷厄姆岛。8 月 20 日，英国皇家海军"恒河"号的外科医生阿利克·奥斯博纳和其他来自马耳他的官员登岛时，插上了第二面英国国旗。

火山的诞生恰逢斐迪南二世抵达西西里。卡罗·吉梅拉罗写道，"从未有哪任君主的到来伴随着如此引人注目的事件，这将是一个载入全球史册大事件，科学读物会将其传播开来，我敢说斐迪南本人也会羡慕这一事件的影响力"。吉梅拉罗将该岛命名为"斐迪南迪亚岛"。所以这个岛目前有三个名字。西班牙人也涌向这座火热的小岛，他们称它为奈瑞塔岛。这是它的第四个名字。那一年大事频发，改革法案的争议充斥着英国街头和议会；霍乱侵袭了北欧的大部分地区；迈克尔·法拉第发现了电磁感应。对于法国来说，七月革命确立了路易·菲利普为法国国王，一年后诞生了这座岛屿，因此普尔沃斯特的命名充分考虑到了其诞生的意义。

一座位于西西里和突尼斯海岸之间的新岛屿将是一个极好的战略奖品，它有可能连接直布罗陀和埃及之间的海上航线，而不受内部政治复杂的马耳他影响。这正是英国、法国、西西里和西班牙的想法。国家间的竞争震动了新闻界,《泰晤士报》报道了法国一家新闻报纸关于一艘英国船只在格雷厄姆岛附近被漩涡吞噬的消息。1831 年 9 月《英国佬》杂志上的一篇讽刺文章称,首相格雷伯爵任命他的儿子为格雷厄姆岛的总督,一旦岛上的局势平稳下来,就走马上任。

1831 年 8 月 28 日,也就是在这个岛出现后两个月,著名矿物学家卡罗·吉梅拉罗在卡塔尼亚皇家大学发表演讲,将这一事件置于历史、政治和地质背景中进行讲述。吉梅拉罗告诉学生们,海面上落满了浮石,喷出的烟雾裹挟着大量煤渣,在上升的过程中变成了美丽的白色。约翰·戴维笔下有一些更引人入胜、鲜明生动的描述:

> "在深褐色的火山底下,淡蓝色的海水波光粼粼,洁白似雪的厚厚云烟环绕着山顶,其四周的空气温和干爽。"

这座岛屿成了中世纪争夺最激烈的一块土地。然而,次年 1 月,它沉入了大海,带走了人们的期望以及主权宣言。画商詹姆斯·阿克曼早在 9 月 7 日出版了一幅由一位不知名的海军专家绘制的、色彩鲜明的石版画;另一位画家则绘制了一组细节生动的水彩画,描绘了岛上火山喷发期间,一群水手爬上了火山口,还描绘了岛上起伏的地势。当时,被苏格兰和英格兰公认的国宝沃尔

特·司各特爵士早已年老多病。11 月 20 日，他乘坐英国
皇家海军军舰"巴勒姆"号巡游地中海时，登上了该岛。
他将其短暂的探险经历记录下来，并提交至爱丁堡皇家
学会（他是该学会的会长），并讲述了松软的火山灰是如
何漫过他的双膝，以及壮实的水手是如何将他抬上了峰
顶。他的女儿安妮陪伴左右，她在炙热的沙滩上跳跃着
前行时，鞋子几乎被烧穿了。在岛上，他看到两只死于
高温的海豚，还有一只饿死的知更鸟，他捡了一大块熔
岩和一些贝壳，打算送给爱丁堡皇家学会。但是，即使
是普洛斯彼罗也无法阻止地中海底下的地质作用，这个
神奇的岛屿在消失之前变得越来越小。不到一年的时间，
它就成了"格雷厄姆海岸"，到 1841 年，它已下沉至海
平面以下 3 米。

彼时，拿破仑战争早已结束，英国在摧毁了对手的
海军之后，统治了海洋。英国拥有一支庞大的海军，却
没有战争需求，因此，政府打算为老水手和他们的舰艇
找点新工作。科学探索是个不错的途径。1831 年 12 月，
年轻的查尔斯·达尔文就是搭乘"贝格尔"号海军舰艇
从普利茅斯启航，开始了他长达一年的自然历史探索之
旅。罗斯、帕里和富兰克林在 19 世纪 20 年代至 40 年代
寻找大西洋和太平洋之间的西北航道，以及詹姆斯·克
拉克·罗斯在 1839 年至 1845 年远征南极都是乘坐海军
舰艇出发的。

达尔文"贝格尔"号之旅的一个早期成果是于 1844

年出版的《火山岛》一书。1834年，他写道，"我对地质学非常着迷，但是，就像两捆干草之间的驴一样，我不知道自己最喜欢哪一个，是古老的结晶岩群，还是较软的化石层"。这本书涵盖了达尔文访问过的火山岛，从西非的佛得角共和国到塔希提岛、加尔帕戈斯群岛和新西兰，是将火山置于科学和文学舞台中心的一系列重要著作之一。他的两本书将地质学带入了现代世界，而第三本书则将一场危机转化成了戏剧。

18世纪后期，关于地球起源的两种理论——水成论和火成论争论不休。前者认为地球是寒冷的，海洋覆盖着地球，通过降水和沉积形成了山脉。这个观点是由德国矿物学大师魏尔纳提出的，进一步暗示火山只不过是燃烧煤炭的矿床。詹姆斯·赫顿提出的火成论则主张地球有一个处于高压下的熔融内核，火山和地震可以缓解这种压力。1825年，乔治·普利特·斯克罗佩于的《关于火山的思考》首次发表，当时他只有28岁，他赞成火成论。斯克罗佩的书是其年轻时在法国、德国和意大利的火山地区研究的成果。斯克罗佩提出，地球是热的、冷却的、有生命的，伴随着地震、构造板块移动、火山和巨浪的地质运动。由于他精力有限，暂时离开了地质学，进入了议会。在议会，他为斯特劳德做了30多年的沉默议员。他写道，"议会的名声就像女人的名声一样，必须尽可能不显露出来"。查尔斯·莱尔是著名地质学家，他的《地质学原理》于1830年和1832

年出版了两卷。他提出了均变论，认为地球在很长一段时间内冷却形成，产生火山来缓解压力。莱尔擅长雄辩，同时他也是一个安静的人，查尔斯·达尔文的妻子艾玛·达尔文评价称，"莱尔先生能使任何一个聚会宁静下来，因为他从不高声说话，所以每个人都会对他降低音量"。

这两个安静的人为 19 世纪的火山研究定下了基调。第三个促进火山研究的是小说家爱德华·布尔沃·利顿，他笔下虚荣、低落、亚里士多克式的、吵吵闹闹的人物形象。布尔沃·利顿在创作《庞贝城的末日》时，是最受欢迎的作家。布尔沃·利顿著作等身，对华丽的故事情节有着敏锐的洞察力，他以一句"这是一个黑暗的暴风雨之夜"展开了关于拦路抢劫者的小说《保罗·克利福德》，从而开创了典型的英式叙述风格。1833 年，布尔沃·利顿和妻子一同前往意大利。几个月后，他带着《庞贝城的末日》手稿回到了家。他和妻子很快就分手了。手稿中的故事并不完全发生在布尔沃·利顿自己身上。自从 18 世纪中叶开始进行改革以来，庞贝城的命运一直是欧洲文学和戏剧中一个悲伤的主题。值得注意的是，乔瓦尼·帕契尼的歌剧《庞贝城的最后一天》已经成为意大利保留剧目，于 1825 年首次在那不勒斯演出。

布尔沃·利顿的小说只是对这一主题兴趣高涨的体现，是 19 世纪 20 年代维苏威火山活动带来的直接结果。

俄罗斯画家卡尔·布里乌洛夫绘制的 4.5 米乘以 6.5 米的
巨幅画作，使这一主题达到了高潮。布里乌洛夫的《庞
贝的最后一天》是根据 1828 年在庞贝城所作的素描绘制
的，于 1833 年在罗马和佛罗伦萨展出，布尔沃·利顿就
是在那里看到了这幅画，接着在卢浮宫展出，后来被悬
挂于圣彼得堡的帝国艺术学院。如今，这幅画被收藏在
圣彼得堡的俄罗斯博物馆内。这幅巨幅画让许多杰出的
文人措手不及：沃尔特·司各特爵士于 1833 年在罗马拜
访布里乌洛夫时为它着迷，果戈理来到圣彼得堡时也是
如此，普希金受其启发创作了诗歌《维苏威的喉咙》：

卡尔·布里乌洛夫，
《庞贝的最后一天》，
1833 年，布面油画

> "维苏威的喉咙打开了，浓厚的烟雾喷涌而出，
> 火焰铺天盖地地洒下，就像在战斗中飘扬的旗帜。
> 大地摇摇欲坠，神像在恐惧中滚落！恐惧的人们，
> 奔逃在如雨般的碎石尘土之下。"

借此兴趣浪潮，布尔沃·利顿的书一跃成为畅销书，很快被翻译成十种语言，随后被改编成戏剧，并在 20 世纪被拍成好莱坞电影。然而，当普利特·斯克罗佩和莱尔继续对火山进行研究时，布尔沃·利顿把目光转向了小普林尼，后者写给塔西佗描述 79 年火山喷发的信件已经为人熟知。布尔沃·利顿发现小普林尼仿佛一个丰富的矿藏，可以为他带来源源不断的灵感。小普林尼对火山喷发的描述精确且具体，完全符合我们现在的需要。近 1800 年后，布尔沃·利顿的描写在很大程度上依赖于小普林尼。

首先是喷发：

> "一股巨大的蒸汽从维苏威火山峰顶喷涌而出，
> 仿佛一棵巨松——卷挟着煤渣的漆黑烟雾是树干，
> 四溅的火焰是树枝！"

地震接踵而来：

> "（他们）感觉到脚下的大地在摇晃，剧院的墙

壁在颤抖，远处，他们听到屋顶落下的撞击声。"

接着是灰烬：

"又过了一会儿，黑压压的山云像洪流一样向他们扑来，同时，火山喷出一团团灰烬，其中夹杂着大量燃烧的碎石，洒在被摧毁的葡萄园里、荒凉的街道上、露天剧场里。远处，波涛汹涌的海面上激起了巨大的水花！"

再接着是云：

"黑压压的散云已经凝结成一大团，仿佛坚不可摧的铁块。比起夜空浓重的黑暗，它的黑更接近小房间的幽暗。"

然后是火：

"随着黑云的逐渐汇聚，维苏威火山周围的闪电也愈发刺目。电光从高空霹雳而下，颜色变化多端，刹那间灼亮了黑黢黢的天，连彩虹也无法与这种令人敬畏又着迷的景致相媲美。一会儿呈蔚蓝色，堪比天空的颜色；一会儿呈铅绿色，像一条穿梭于天地间的巨蟒。"

再然后是退潮:

> "海水退去,沙滩上露出了被卷进海浪漩涡的生物,死状各异,逃到海边的人吓得魂飞魄散。"

最后是火山喷发后的惨状:

> "在那些满面惊恐的人眼里,这些触摸不到的雾气就像是巨兽的躯体,是恐怖和死亡的媒介。"

尽管这两个记述之间隔了许久,布尔沃·利顿还是仔细地依照小普林尼的描写,就好像在之前的几个世纪里没有任何科学的解释一样。布尔沃·利顿不仅向我们介绍了小普林尼的"巨松",还包括了他所描述的"巨蟒"和"巨兽"。布尔沃·利顿所使用的语言来自他所熟知的小普林尼时代的古典神话和典故,而非其自身所处时代的科学语言。因此,在 19 世纪,热门小说和意象的文学视角奠定了人们认识火山的基础,而斯克罗佩和莱尔的科学研究则需要更多的时间来发展。

与此同时,画家们对这一主题也产生了莫大的兴趣。法国画家弗雷德里·亨利·肖平追随布里乌洛夫的脚步,从俄国画家和布尔沃·利顿的作品中获得了关于庞贝城时代主题的巨大灵感,于 1850 年左右完成了他的《庞贝的末日》。其画幅远小于布里乌洛夫的《庞贝的最后一

天》，但是传神地表现了普希金诗句中所表达的惊愕和恐
惧，在一阵眩目的地狱之光中，一个关于文明崩塌的隐
喻在恐怖中表达得淋漓尽致。肖平很可能在暗示文明的
崩溃，就像他所生活的 19 世纪 40 年代后期的法国一样。
一场新的血色革命正席卷整个欧洲——推翻国王、推翻
帝制，并改变民主面貌，促使周游各国的历史学家阿历
克西·德·托克维尔在 1848 年法国下议院立宪会议的最
后一次会议上称"我们正在火山上沉睡"。

　　美国海洋画家詹姆斯·汉密尔顿于 1854 年、1855
年和 1869 年前往伦敦，在那里他研究了透纳、克拉克
森·斯坦菲尔德和塞缪尔·普劳特的作品。1855 年回到
费城后，他以汉普特斯西斯公园和威尔士海岸等为题材
绘制了画作，还创作了《庞贝城的末日》。在这幅作品

弗雷德里·亨利·肖
平，《庞贝的末日》，
约 1850 年，布面油画

中，漩涡、大量古典建筑和火焰爆炸等透纳式的元素与印象派风格相混合，汉密尔顿因此被称为"浪漫印象派画家"。画面中央的柱子更像是尼尔逊在特拉法尔加广场看到的柱子（汉密尔顿在伦敦期间对这根柱子印象深刻），而不是意大利的景物。汉密尔顿是一个处在过渡时期的杰出人物，他画技精湛，备受尊敬，画风介于19世纪早期的英国传统艺术和20世纪中后期的美国哈德逊河画派之间。1847年，一位富有洞察力的评论家建议，如果汉密尔顿能继续加入更多的自然元素（如美国的自然景致）和更多的现实元素……他将能够绘制出一幅壮丽的图画。

汉密尔顿在费城展出《庞贝城的末日》后第二年，爱德华·潘特的作品《从虔诚坠向死亡》在伦敦展出，布尔沃·利顿所描绘的关于自然灾难、毁灭和勇气的故事在汉密尔顿的作品中极为普遍。皇家学院展览的目录中介绍了其关于勇气的罗马题材，这是一个英雄主义的真实例子，就像士兵在面对敌人时那样：

> "在庞贝城附近的赫库兰尼姆门周围进行挖掘时，发现了一具全副武装的哨兵的遗骸。在城市陷入毁灭的恐怖和混乱时，这名哨兵被全然遗忘了，他没有接到任何离开岗位的指令。所有人都在寻求避难所，但他仍然忠于自己的职责，尽管等待他的注定是死亡。"

这幅画显然是源自布尔沃·利顿对这位罗马哨兵的描述：

> "闪电划过他青灰色的脸和锃亮的头盔，尽管惊恐至极，其神情仍是镇定的！他伫立于哨位之上，一动不动……他没有接到撤离逃生的指令。"

在 18 世纪和 19 世纪，这种艺术和文学形象与科学现实之间的差距变得越来越明显。这种差距的大小和性质会因学科的不同而有所不同。显然，在某种程度上，比起医学发现，古希腊雕刻家对解剖学了解得更多，而 19 世纪的画家在对天文学的了解上则远远落后于科学家。这是众所周知的，但它也说明了一个事实：艺术和科学在合作中共同进步。大自然各个系统相互关联、密不可分，关于自然界的知识是从各个方面汲取营养而得到累积的。

可以说是艺术推动了科学，使其在火山学方面取得了进展。看着人们被困在埃特纳火山下挣扎的画作，或 1631 年维苏威火山喷发的版画，谁能不被死亡的原始恐惧支配呢？ 17 世纪，阿纳西乌斯·柯尔切的英国编辑给他的书取名为《火山》，适当地突出其主题，又以《燃烧的火焰山》为副标题，强调了主题的视觉性和真实感。每个出版商都知道，一本有着优秀副标题的书会卖得很好。

詹姆斯 · 汉密尔顿，《庞贝城的末日》，1864 年，布面油画

赖特、沃莱尔和伍特克在18世纪晚期所绘制的火山喷发把观众带到了岩浆跟前，导致人们对其画作的真实性产生了质疑。人们想相信它，但难以做到。例如，沃莱尔在《夜间喷发的维苏威火山》中的洛可可式人物是逆光的，但实际上应该是顺光的，且应在瞬间受到痛苦的灼烧。1818年3月，英国旅行家威廉·R.克朗普顿攀登维苏威火山时，谈到了3个月前，即1817年12月的"晚来的喷发"。但即便如此，到了次年3月：

> "地面还是又热又滑，为了避免烫伤，你不得不加快脚步……令人窒息的硫黄味让你无法久留……不同的熔岩流有所不同，颜色随时间流逝而发生变化……熔岩流冷却后，会变得比大多数石头还坚硬，其表面呈黑色，就像一片波涛汹涌的大海，每道流纹大约宽36米，深4.5米至6米。"

不同画家的勇气、冒险精神和想象力、创作水平有所不同，他们在安全地方攀登维苏威火山时，看到的并不总是铁青色的火山碎屑流，更多的是摇摇欲坠的碎石、火山灰，以及岩浆冷却后形成的熔岩流。在18世纪晚期，这种场景并不吸引人。

因此，在19世纪的前二三十年里，随着火山学知识的增加，关于火山活动的画作开始变得愈发乏味，这是很有启发性的。当威灵顿公爵看到乔治·琼斯绘制的一幅关于滑铁卢战役的画作时，他的评论是"烟雾不够浓重"。如果他经历的是火山喷发而非战争，他很可能会对当代火山喷发的画作出同样的评价。挪威艺术家约翰·克里斯蒂安·达尔是一个过渡式人物，介于约瑟夫·赖特和美国画家弗雷德里克·埃德温·丘奇之间，后者于19世纪50年代游历南美。达尔于1820年登上维苏威火山，以图画的形式记录了对火山的研究，并画下了烟雾喷发的两种形式。这幅画是从一个倾斜的视角绘制的，烟雾模糊了后面的山侧，熔岩汇聚在火山锥和索马山（维苏威火山的半圆形山脊）之间的巨人谷中。前景是一片被破碎熔岩覆盖的荒野，这使人立刻联想到克朗普顿的"黑色……波涛汹涌的大海"，而勇士在安全距离内，注视着喷发的火山。1820年12月20日，达尔在日记中写到，他登上了维苏威火山，在白天和夜里都观察到了非常有趣且意义重大的喷发。

约翰·克里斯蒂安·达尔，《维苏威火山喷发》，1820年，布面油画

其中暗示着一种科学新方法，而不是文学和戏剧性的手法，达尔在后续笔记中强调了这一点。他在笔记中提到了一张在攀登维苏威火山过程中拍摄的大大小小火山口的照片，这张照片要给那不勒斯的矿物学教授蒙蒂切利先生过目。1839 年 1 月 1 日，克拉克森·斯坦菲尔德在欧洲旅行时，幸运地看到维苏威火山喷发，他画笔下的浓烟足以让威灵顿公爵满意。这是维苏威火山本来的样子，而不是人们所希望或想象的维苏威火山。与为了一睹火山喷发的风采而特地前往那不勒斯的赖特和透纳不同，这对斯坦菲尔德来说纯属偶然：透纳早几周离开了那不勒斯，错过了一次喷发，而斯坦菲尔德到达的

克拉克森·斯坦菲尔德，《维苏威火山喷发》，1820 年，水粉画

时间比他预期要晚，却目睹了一场喷发。他和他的朋友们在12月31日登山时山体隆隆作响。"大量火星冒了出来，为了更好的视觉效果，我们本来决定待到晚上，但导游感觉不对劲，认为我们应该赶紧下山。"在他们下山后7小时，火山剧烈喷发，即使是在九死一生之后，斯坦菲尔德还是坚持要回到半山腰的住处，在那里，他看到了熔岩。"这是人们所能想象的最美妙、最壮丽的景象。只要小心一点，我们就能一直待在那里。"

19世纪上半叶，地球的火山活动一直很活跃。西印度群岛、南美洲和中美洲以及冰岛的火山喷发极其剧烈。一些火山喷发威力巨大，如坦博拉火山喷发堪比约公元前1620年的圣托里尼火山喷发，以及79年和1631年的维苏威火山喷发。虽然这些地方相隔甚远，但关于火山喷发的报道逐渐传到了欧洲。在当时，坦博拉火山和冰岛火山被公认为欧洲大气污染的最大来源，而西太平洋的其他火山在1808年至1822年的短短十几年间，喷发了大量的火山灰，使日出和日落颜色更加浓重。1841年，第一批游客刚刚抵达南极洲时，埃里伯斯火山突然喷发。而其他火山，如地中海的斯特龙博利火山和靠近萨尔瓦多海岸的伊萨尔科火山，几乎在持续喷发。伊萨尔科火山诞生于1770年，后来被称为"太平洋的灯塔"，其喷发一直持续到1958年。19世纪前几十年在西太平洋发生的这种可怕的、似乎持续不断的火山活动，与歌川广重生前最后几年所描绘的富士山及其周围平静的景象相比，

科多帕希火山喷发，
1741 年，版画

完全不同。

  在达尔文进行"贝格尔"号之旅前近 30 年的时间
里，德国科学家亚历山大·冯·洪堡航行至中美洲和南
美洲，在 1799 至 1804 年间，他观察到安第斯山脉的科

多帕希火山和桑盖火山喷发和静止的状态。于是，洪堡推测，地震和火山活动之间有着直接联系，从而得出了一个不太准确的结论，即1812年3月摧毁委内瑞拉加拉加斯的一系列地震，1812年2月密西西比河流域的地震，以及1812年4月西印度群岛圣文森特的苏弗里耶尔火山喷发，都是由相互关联的地质活动引起的。1803年1月，厄瓜多尔的科多帕希火山喷发时，洪堡和他的旅伴们正在290千米以外的瓜亚基尔。在那里，他们日夜都能听到火山喷发的巨响，就像接连不断的炮鸣声。弗雷德里克·埃德温·丘奇是一个成功的美国风景画家。洪堡的著作，特别是他的《宇宙》和《新大陆热带地区旅行记》给了这个年轻人去南美洲旅行的勇气。洪堡写道：

"难道我们不希望有才华的画家为风景画注入一种全新的、前所未有的光彩吗？难道我们不希望在遥远的大陆腹地，在热带世界潮湿的山谷里，以一种纯真且年轻的精神，真正地感受大自然的千姿百态吗？"

1853年和1857年，丘奇沿着洪堡的路线在哥伦比亚和厄瓜多尔考察了钦博拉索火山、科多帕希火山和桑盖火山。他在海拔4000米的营地画了桑盖火山的草图，描述了一个间歇性的喷发顺序：

火　山

弗雷德里克·埃德
温·丘奇,《科多帕
希火山》, 1862 年,
布面油画

"每四到五分钟发生一次喷发,首先会冒出一大
团轮廓分明的浓烟,接着是沉重的隆隆声,在群山
间回荡。"

　　基于这些研究,丘奇绘制了一系列画作,包括《科
多帕希火山》《安第斯山脉之心》《钦博拉索火山》《热带雨
季》。这些作品都表现了南美洲壮丽的荒野,对于美国艺
术家和收藏家来说,这是一片新天地。成千上万的画家
和收藏家即使向西穿越平原向加利福尼亚跋涉,他们仍
将目光投向东边的欧洲,寻找心中艺术的源泉。

　　《科多帕希火山》是受收藏家詹姆斯·雷诺克斯委托
绘制的。这位收藏家收藏了透纳早期的两幅画——《维
缪克斯城堡》和《斯塔法岛的芬格尔岩洞》。在《科多帕
希火山》中,落日鲜艳的红色和橙色明显带着透纳的风
格,此外,人们还时常将其构图和基调与透纳的《被拖
去解体的战舰"无畏"号》相比较。当其与《钦博拉索

122

火山》于 1865 年在伦敦展出时，《艺术杂志》称：

> "洪堡终于找到了他所渴求的画家。丘奇的研究
> 并不局限于周遭的小天地，而是放眼于以热带为界
> 的大自然。他付诸实践、积极思考，为人类开拓了
> 一片全新的、更加壮丽的天地。"

使丘奇如此直接地与洪堡达成一致的是一位德国科
学家在他的《宇宙》中的断言——整个自然界的联系错
综复杂，地质、植物和动物相互关联、相互依存。丘奇
兴奋地给家里写信，讲述了植物群和动物群，其中有比
树还高的仙人掌、成群的鸟儿、大如蒲式耳圆篮子的鸟
巢以及其他丰富的自然景观。洪堡对过往经历的回忆，
为创作 2.4 米长的画作奠定了基础。随着《科多帕希火
山》和《钦博拉索火山》的问世，绘画中的火山主题完
全摆脱了文学的束缚和洛可可式的对科学现实的蔑视。

约翰·罗斯金在谈论艺术时滔滔不绝，但在谈论科
学问题时却语焉不详。他在《现代画家》（第四卷）中提
到地质活动时，用火山来比喻自己的焦虑：

> "我们无法凭借现有的火山经验限制其威力，正
> 如我们所见，地质活动的罕见性通常与其剧烈性成
> 正比。按照事物发展的自然顺序，在很久以后可能
> 会发生大规模地质活动，而人类还无法见证。镶着

银边的柔云闲适地飘在维苏威火山顶上，葬送城市的熔岩在几个世纪后喷涌而出，规模更大的火山喷发震动了半个地球，将许多国家夷为平地，而这种威力只有遥远且模糊的记录。因此可以预见，在平静的地球表面之下，仍可能有一些力量潜伏着，人类在其休眠期间繁衍生息，这些力量一旦苏醒，人类必将遭受厄运。"

正是这种阴郁的反思情绪突出了约翰·布雷特《从陶尔米纳高地看埃特纳火山》，以及拉斯金以埃特纳火山为主题的水彩画，后者描绘了镶着银边的柔云闲适地飘在维苏威火山顶上的景致。布雷特作品的科学意图在于

约翰·布雷特，《从陶尔米纳高地看埃特纳火山》，1870 年，布面油画

表现这样一个事实。1870 年，他作为官方制图员在西西里参加了一次由政府资助的考察活动——观察 1870 年 12 月 22 日的日食。在这次考察中，他绘制了一系列关于太阳日冕的详细图画，并撰写了观察报告，于次年发表在《自然》杂志上：

"在风平浪静的日子里，巨大的蒸汽团从火山口中滚滚而出……大约三天前突然停止了，只留下一缕细烟，仿佛村舍烟囱里飘出的炊烟……过去的一周里，我一直在观察这座火山，希望能准确地勾勒出它的轮廓。直至昨天，云烟才完全散去。"

布雷特在一幅画中把埃特纳火山作为远景，画面从开垦的果园，到宁静的陶尔米纳镇，越过低矮的褶皱山脉和肥沃的河谷，再到寒冷、荒凉的火山顶峰。埃特纳火山成了背景，其上空镶着银边的云暗示着潜在的威胁。有趣的是，布雷特在描述埃特纳火山时所用的"村舍炊烟"的比喻，与一百多年前威廉·汉密尔顿的描述如出一辙。彼时，汉密尔顿形容维苏威火山"像水磨房的木材一样颤动"，及其喷涌而出的岩浆"流速堪比塞文河流经布里斯托尔附近时的流速"。

人们对埃特纳火山的理解在探索、颠覆和重新思考的过程中不断加深。意大利现实主义画家菲利波·帕里兹比布里乌洛夫和肖平年轻，他没有描绘庞贝末日灾难

约翰·拉斯金,《从陶尔米纳高地看埃特纳火山》,1874 年,水粉画

的景象,而是还原了庞贝城挖掘出来时呈现的面貌。19 世纪后期的画家,如帕里兹和波因特,从庞贝、埃及、等地正在进行的考古挖掘中获得了绘画中所需的社会和建筑细节。帕里兹在他的《挖掘研究(庞贝城)》中另辟蹊径,给了我们一种午休般的宁静感。画面中,拿着铲子的工作人员放下了他们的工具,暂时离开了遗址,路边的野花和寂静的氛围体现了别样的张力。与帕里兹一样来自意大利的乔阿奇诺·托马在他的《维苏威火山之夜》中展现了一种不同的现代景象。画中的维苏威火山轻轻地冒着烟,蒸汽机在山下猛烈地喷着气,以最快的速度行驶着。托马曾与加里波第一起为统一意大利而战,他在画里暗示了现代技术的渺小;只要等到维苏威

火山喷发，就能够知道蒸汽机有多不堪一击。

这种对于火山的理解并没有受到布尔沃·利顿或儒勒·凡尔纳等作家的影响。儒勒·凡尔纳的《地心游记》让我们重温了 200 年前阿塔纳斯·珂雪提出的观点，并再次经历了 18 世纪晚期蒙乔森男爵的经历。凡尔纳认为，把黎登布洛克教授及其侄子送回地球表面的火山是相互连接的沟渠网络的一部分，这些沟渠在地球中心和地表之间纵横交错，能够让这位善良的教授从冰岛斯奈菲尔火山进入这一网络，并从利帕里群岛的斯特龙博利火山回到地面。如果真是如此，将极大地便利洲际旅行，尽管这会影响航空公司的运营，但有助于促使他们尽快解决过剩热量的问题。

**1861 年维苏威火山喷发期间，坎帕尼亚托雷德尔格雷科广场的景象，1877 年，版画**

在达尔登上维苏威火山并将其作为一个科学课题来研究的 50 年里,火山研究的代际更迭已经十分明显。然而,在 1877 年,伦敦朗阿克里的皇后剧院却上演了一出戏剧化的《庞贝城的末日》。这场戏剧轰动一时。

# 6. 令世界颤动的喀拉喀托火山

　　1883年8月27日，苏门答腊与爪哇两岛之间的巽他海峡中的喀拉喀托岛发生火山喷发，爆炸声惊醒了整个地球。

　　喀拉喀托火山喷发对附近地区造成了严重的破坏，而历史上火山爆发指数（VEI）为6.5的灾难性喷发不计其数，这只是其中之一。这次喷发的规模大于79年的维苏威火山喷发（VEI 5.8），但小于1815年的坦博拉火山喷发。其规模仍小于一些史前喷发，而更大的喷发发生在地球形成的数百万年里，生命开始出现之后。这是一颗频繁震颤的星球。

　　在1883年以前，喀拉喀托火山岛被称为"尖山岛"，横跨印度-澳大利亚板块与欧亚板块碰撞后向下俯冲形成的海域。因此，在其前缘有一连串的活火山。关于该岛是被火山摧毁的说法是不准确的，因为这座岛本身及其周围的海盆就是由火山喷发形成的，而这只是持续进程中的一步。地壳下方简单的机械位移产生的压力太大，以致岩浆冲破地壳，发生火山喷发。

　　直到1883年仲夏，巽他海峡一直是苏门答腊和爪哇

帕克·考沃德，《1883 年喀拉喀托火山喷发》，1888 年，石版画

《喀拉喀托岛伯波
博瓦坦火山喷发》，
1883 年，版画

贸易船只的高速通道。5 月 10 日前后，火山开始活动，发出了隆隆的轰鸣声，冒出了火焰。船长们紧急向上级汇报这一情况。10 天后，火山口冒出的浓烟和火山灰大约上升至 1.1 万米。《泰晤士报》在 7 月 3 日报道了这一事件，但事实证明这仅仅是个开端。

8 月底，火山喷发的轰鸣声响彻太平洋，连东南面的澳大利亚西海岸，与西面的罗德里格兹岛和迪戈加西亚岛都能听到。海啸接踵而来，席卷了锡兰和印度东海岸，远在南非的伊丽莎白港、南乔治亚州的古利德维肯和法国的比亚里茨等地检潮仪上的灯也闪烁不停。英国伯明翰的天文台记录下了火山喷发的冲击波在全球范围内传播时造成的气压变化，埃格巴斯顿的树木平静的沙沙声也受到了干扰。噪声和潮汐很快就过去了，没有留下任何痕迹。然而，在过去的几个月里，火山灰尘和烟雾仍挥之不去，集中在地球的高层大气中。《泰晤士报》报道称，喀拉喀托

火山曾经矗立的地方，如今成了大海。空气中的尘埃是粉碎的山体，静静地飘浮在地球周围，使得日落和日出的色彩更加鲜明、浓烈。这些粒子散射太阳光，分散了光谱中较短的蓝紫波，使较长的红色波长占主导地位。除了那些观察力敏锐的、幸运的老人，几乎无人见过此番壮美的景象，因为坦博拉火山喷发几个月后的日落效应不在那一跨度内。但是，似乎没有人提起过。

　　喀拉喀托火山喷发对伦敦的影响很可能是巨大的，但由于伦敦的大气已经被工业和家庭烟雾严重污染，因此影响不太显著。自19世纪初，伦敦雾气因污秽、气味和危险性而在国内外臭名昭著。一位法国游客称伦敦

《巽他海峡的喀拉喀托岛在喷发中被淹没》，来自《哈珀周刊》

为"雾都",而这并不是因为喀拉喀托火山的影响。这也不是克劳德·莫奈在 1899 年、1903 年和 1904 年来伦敦描绘泰晤士河的原因。它对莫奈的吸引力在于透过烟雾看到的太阳，滑铁卢大桥沉睡在不断加深的蓝色色调中，反射着水绿色的光。如斯提克斯河水般的深红色光线汇聚在拱门下，使得闪烁的光暗成了炭色……小船驶过，投下暗紫罗兰色的影子。

在喀拉喀托火山喷发前后的几年里，伦敦中部和东部已经成了画家们的调色板。而再向西几千米，切尔西的空气更加纯净，喀拉喀托火山喷发给当地的天空带来了绮丽的景致，正如画家威廉·阿斯克罗夫特所描绘的那样。

阿斯克罗夫特是一位高产的水彩画家，专门画泰晤士河的景色。19 世纪 40 年代，少年阿斯克罗夫特可能就知道在切尔西有一个神秘的老人，他自称布斯船长，他划了很长时间的船才来到泰晤士河。这实际上就是画家约瑟夫·马洛德·威廉·透纳，他和他的伙伴索菲亚·布斯夫人住在戴维斯广场。19 世纪 60 年代至 70 年代，詹姆斯·麦克尼尔·惠斯勒也住在切尔西，阿斯克罗夫特很可能认识透纳。在切尔西的画家们对大气进行深入钻研，因此，1883 年的秋天，他们中有人日复一日地用粉彩描绘切尔西四周的夜空，这并不是什么怪事。

阿斯克罗夫特似乎并没有意识到这次喷发有一个明显的开端，而是一无所觉地画下了切尔西的天空。事后回想起来，他才意识到有些不寻常的事情正在发生。后来，当回看自己的素描时，他发现 9 月 8 日的两张素描中的晚霞有些不同寻常，而到了 9 月 20 日，也就是喷发后一个月，晚霞就成了人们看到的那样。他在 11 月 8 日首次观察到并画下了壮观的红橙色日落景象，并在日落后半小时左右看到了一道可怕的光。这极为不寻常，以至于消防车都出动了。还有更不寻常的现象：日落时景象壮丽异常。此外，正如阿斯克罗夫特所说，光线太弱了，太阳周围的云没有平时在日落时或刚落时的色彩丰富。在白天，云朵的光常常是绿白相间的。

这一现象一直持续到了 1886 年 4 月，在此期间，阿斯克罗夫特没有停止记录。他注意到了后来被称为"主教环"的现象，即大气中的火山尘埃所形成的围绕太阳的、明显的蓝色或棕色烟圈，以及阿斯克罗夫特所描述的"血色余辉"和"琥珀余辉"现象。到 1888 年 7 月，当 530 多幅画作在南肯辛顿博物馆（原名为维多利亚和艾尔伯特博物馆）展出时，这位画家称，尽管恢复了许多，但仍然偶尔能看到这种余辉。此时距离火山喷发已经过去了 5 年。需要注意的是，尽管除少数例外，这些素描大多是按照真实的景象绘制的，但阿斯克罗夫特承认有些画是凭记忆完成的。这些画非常有趣，皇家学会的座谈会上展出了其中一些精选的图画。皇家学会喀拉喀托火山委员会在印刷这些作品时，阿斯克罗夫特坚持要求只在晴朗的天气下印刷，以避免他认为在印刷透纳画作的彩色复制品时所犯的错误。

威廉·阿斯克罗夫特，《黄昏》《彩色余辉》《切尔西》，绘制于1883—1886年，粉彩

火　山

1883 年，在切尔西西北约 320 千米的兰开夏郡斯托尼赫斯特学院，一位文采斐然的观察者、诗人杰拉尔德·曼利·霍普金斯仔细观察了秋冬的天空。他从世界各地的科学家那里收集资料，还写信给《自然》杂志的编辑，讲述了自己所看到的情况：

"正如人们所见，辉光强烈，延长了日照时间，整个天空仿佛沐浴在一片火光中。在 12 月 4 日的日落时分，我注意到余辉呈皮肤发炎时的红色，而不是平时日落时清晰的红色。当天晚上，西边的田野发出黯淡的光，仿佛被铺上了一层黄蜡，但是毫无光泽。"

"明亮的夕阳给云层镶了层边，有金色、黄铜色、青铜色，还有钢铁色。人们把这种层次分明的、耀眼的斑点一样的云彩称为鱼鳞。在余辉的映衬下，这些云彩看起来像是缝过的深红色丝绸，抑或是被深红色冰层覆盖的耕地。这番光景可能会在近期的日落时分出现，但这并非必然，也可能不会出现如此光亮和光泽。"

"从画室和其他光线充足的房间来看，强光线加之弱光泽给物体带来了奇特的视觉效果，这直接影响了画家的创作。从他们的作品中可以看到，尤其是伦勃朗的作品，这种光照细微地勾勒出物体的轮廓，显示了物体间的区别，凸显了白色表面和彩色物什，呈现出一种丰富的、内在的、仿佛自发的光芒。"

红、黄、金、黄铜、青铜色，这些都是霍普金斯在天空中观察到的颜色。在喀拉喀托火山喷发后，从未有人如此清晰地提起天空出现的这些非同寻常的光景，因此霍普金斯在观察英国北部的天空时引用了伦勃朗的话。

罗伯特·迈克尔·巴兰坦在 1889 年的小说《炸成碎片》中写道，"毫不夸张地说，全世界都听到了那声巨响。那声响响彻数百，啊不，数千千米，穿过了陆地和海洋，或轻或重地惊动了世界各国"。丁尼生在他的诗《忒勒马科斯》中，以天空中的壮丽景致开篇：

> "烈焰蹿出火峰
>
> 高达百米，对大地怒目而视，
>
> 日复一日，预示着血色的前夕……
>
> 愤怒的夕阳将一切收之眼底。"

布尔沃·利顿曾用维苏威火山的喷发作为《庞贝城的末日》的背景，丁尼生则把喀拉喀托火山的喷发置于过去，用"沐浴在那可怕的深红色"为忒勒马科斯的死亡创造了一个合适的、末日般的背景。

据《纽约时报》报道，美国东海岸上空的红色和紫色极为鲜艳，人们甚至认为自己看到了星条旗铺满天空：

"刚过5点，西边的地平线突然呈鲜艳的猩红色，把天空和云层都染得通红。街上的人们被这罕见的景象吓了一跳，三五成群地聚集在各个角落向西凝视。许多人认为某处发生了火灾……当天早晨，通红且金黄的火焰照耀着天空，突然，一面由国家代表色组成的巨大的美国国旗醒目地出现在空中，使他们大吃一惊，这面国旗停留了很长一段时间。"

彼时，弗雷德里克·丘奇住在奥拉纳一座能够俯瞰哈德逊山谷的摩尔式山顶公寓里，他很快听说了此事，并迅速作出了反应。他想在一个阴冷荒凉的环境里观察炽热的天空，于是向西北方向出发，来到了安大略湖岸边的肖蒙湾。12月底，他在那里把骇人天空下湖面的积冰涂成了粉色、橙色和淡紫色。

挪威画家爱德华·蒙克描述称"蓝黑色的峡湾上空飘浮着血色的云彩，城市仿佛被火舌吞噬"。多年后，他创作出了《呐喊》。在这幅画中，不仅桥上的人在尖叫，整个天空及其下面的风景也好似在尖叫。

为了收集关于喀拉喀托火山喷发的资料，皇家学会成立了一个委员会，并于1884年2月在《泰晤士报》发表公告，请世界各地的人们提供有关火山灰、浮石、气压现象以及大气中光和色的特殊光景的资料。该委员会于1888年发表报告。

1883年9月8日，阿斯克罗夫特意识到一些奇怪的

爱德华·蒙克,《呐喊》,1893 年,油画

事情正在发生,后来,住在萨里的委员会成员罗洛·罗素证实了这一点。当他第一次注意到天空出现非常惊人且不同寻常的景象时,他回顾了自己的日记。在 9 月 8 日,他观察到了美丽的红色日落和余辉,并补充说"这

是值得注意的，因为在这之前我从未用过'余辉'一词"。此后，他注意到日落时的五彩缤纷：9月26日，藤蔓般的淡粉色卷云；10月3日，红黄色夕阳；10月20日，美丽的淡红色日落，零星的云发着亮光，还有丝丝压低的卷云。次月，当罗素进一步观察到明亮的绿色和乳白色光亮、绿色薄雾和明亮的乳黄色时，天空的颜色变得更为浓重了。1884年3月初，他描述称，"天空的光照略有加强，只持续了30分钟，但到了3月底，强光完全消失了，日落后晴朗的天空中没有任何光照出现。在这一年剩下的时间里，日落后罕见地毫无色彩"。

委员会收到了来自日本、新喀里多尼亚、圣萨尔瓦多、巴拿马、德兰士瓦和美国等地的报告。作为对萨里丰富且充实的报告的补充，罗洛·罗素汇编了一张表格，囊括了以前出现的类似现象及相应的火山喷发，并收集了远至1553年皮钦查火山喷发的大气现象的报告。根据17世纪丹麦历史学家延斯·伯克罗德的说法，皮钦查火山喷发是丹麦、瑞典和挪威出现显著紫色余辉的原因。整个英国上空的奇特光景消失了，这种光景曾让野兽派和表现主义绘画红极一时。

对于那些目睹的人来说，喀拉喀托火山的喷发不仅仅意味着不同寻常的夜空，更是人间地狱般的磨难。正如英国船长查尔斯·贝尔在他的日志中写道：

"星期五（1883年8月22日），咆哮声还在继续，而且越来越大，从西南方吹来的风很温和，夜幕笼罩着天空，许多滚烫的大块碎石落在我们身上……喀拉喀托火山持续不断的爆炸声使我们的处境变得非常糟糕……天空一会儿漆黑一片，一会儿又燃起了熊熊的火光，桅顶和桅杆上窜起噼里啪啦的火球，云雾里冒出一团奇特的粉色火焰，几乎碰到了桅顶和桅杆……船从桅冠到吃水线，就像被注了水泥，桅、帆、滑车和绳索也都乱七八糟，但万幸的是没有人受伤，船也没有损坏。"

1883 年也标志着欧洲文化和太平洋地质学之间的一次大断裂。因对巴黎沙龙艺术有所不满，印象派应运而生。1883 年，音乐革命者理查德·瓦格纳去世，20 世纪的重要人物（建筑师沃尔特·格罗皮乌斯、作家弗兰兹·卡夫卡时尚引领者可可·香奈儿诞生了）。瓦格纳的去世标志着一个文化时期的结束，格罗皮乌斯、卡夫卡和香奈儿的诞生预示着另一个时代的开始。在印象派之后，画家对风景的描绘会发生根本性的变化。因此，在喀拉喀托火山喷发之后，对火山的描绘也发生了变化。这种变化并不是火山喷发本身导致的，而是 19 世纪晚期在巴黎、伦敦和纽约地下找到了断层线后，随之而来的社会、艺术和技术的巨变造成的。喀拉喀托火山的灰烬及其引发的海啸使 3.6 万人丧生，因此，它成了一个能唤起人们回忆的象征。

安德伍德公司，在培雷火山喷发期间巨大的烟柱滚滚而出，高约 5 千米，1902 年 6 月摄

# 7. "夜晚消失了"：漩涡主义画派与火山

　　1902年5月，20世纪第一场大规模火山喷发震动了西印度群岛。由多米尼加岛、马提尼克岛、圣卢西亚岛和圣文森特岛等组成的向风群岛向南延伸至委内瑞拉海岸，岛上的火山就像猫尾巴上的鞭炮一样，轰鸣着，燃烧着，炙烤着。这些岛屿和西印度群岛的大部分岛屿同属于加勒比海板块与南美板块交汇处的火山系统。马提尼克岛上的圣皮埃尔城被培雷火山完全摧毁，而苏弗里耶尔火山喷发时，圣卢西亚岛和圣文森特岛的损失相对较小。听到新闻报道后，日记作家玛丽·蒙克斯韦尔在英国家中就这一可怕事件写下了意味深长的文字：

　　　　"第二个庞贝城。在这可怕的一天里，西印度群岛的法国殖民地马提尼克岛，在短短5分钟里被培雷火山燃烧的熔岩和岩浆完全笼罩淹没，三四万人瞬间窒息而亡。在港口，除了一艘英国轮船——'罗丹'号，其余的船只瞬间起火，'罗丹'号船长（弗里曼）来自格拉斯哥，我很想同他握一下手，尽管一半的船员死了，船体有 40 处地方正在起火，他自己也被严重烧伤，但他还是砍断了 143 号锚链，在黑暗中驶出了那个可怕的海湾。"

玛丽·蒙克斯韦尔知道，尽管火山喷发前没有任何预兆，但 1 月份以来，不断有预警称以优雅著称的圣皮埃尔（当地人称为"西印度群岛的巴黎"）将有火山喷发。4 月下旬，地震、山坡不断上升的温度以及散发出的气体驱使成群的动物进入圣皮埃尔城，它们吓坏了当地居民，造成了 50 多人死亡。考虑到即将举行的选举，市长利用当地媒体安抚焦虑的居民并劝其返回城市，军队设置路障强制离开的民众回城。但随后，火山喷发了。培雷火山比喀拉喀托火山小，但这对 2.8 万居民来说并不是什么安慰。这场灾难只有三名幸存者，其中一名是囚犯路易斯·奥古斯特·西帕里斯，他因对他人造成了严重的身体伤害而被单独监禁，坚固的牢房让他躲过一劫。他在巴纳姆和贝利马戏团当演员度过了余生，被称为"末日幸存者"。

关于这场火山喷发，有着许多令人战栗的描述，这些描述不仅来自那些从港口逃出的少数几艘船上幸存下来的人，还来自那些目睹过其他火山喷发的人，比如目睹了 1868 年夏威夷莫纳罗亚火山喷发的查尔斯·G. 威廉姆森。他在给《泰晤士报》编辑的信中称，"目前，关于这场骇人听闻的喷发的一些细节可能会引起公众的兴

帕特里克·雷·弗莫尔,《圣雅克提琴》1953 年，第一版封面设计

趣"。除了一个马戏团的故事、一个传教士的回忆，以及一两代人后出现美丽风景的承诺，像 1902 年培雷火山喷发这样的悲剧还能带来什么呢？

随着生命的消失和集体记忆的破坏，骤然降临的毁灭带来了一种空虚感，这种空虚感只能通过艺术适时弥补。帕特里克·雷·弗莫尔的小说《圣雅克提琴》于 1953 年出版，也就是圣皮埃尔悲剧发生后 50 年，他在灾难中找到了诗意。他讲述了圣雅克岛的故事。根据雷·弗莫尔的描述，圣雅克岛位于瓜德罗普岛和多米尼加岛之间（同样位于向风群岛之中）。

故事发生在 19 世纪末，以年轻画家贝特·德·雷恩的视角，描述了在总督府举行舞会前几天，岛上的快乐和奢侈以及风俗、礼仪和腐败。贝特在岛上作画，并把她的画册寄给了远在巴黎的姑妈。宴会的餐桌上摆满了火腿、冻鹌鹑、龙虾、螃蟹和成堆的刺果番荔枝和芒果，人们聚集在一起欢庆节日。正当此时，火山（盐沼）突然熊熊燃烧起来……此刻，它像一把明亮的红色火炬，挂在黑暗中，正对这些岛民……摇着头。舞会达到了高潮，舞者忘情旋转着，乐队疯狂弹奏着，突然，一群穿着哑剧多米诺戏服的麻风患者混进了狂欢队伍中，引起了恐慌。这种恐惧很快就被另一种更大的恐怖覆盖——伴随着市长的烟花秀，火山剧烈喷发了：

> "夜晚消失了。天地在顷刻间明亮如白昼，甚至比正午还要亮堂。火山口喷涌出红白相间的熔岩，混合着黑色的浓烟，像炮弹一样射向天空。熔岩柱不停地抬升，直冲云霄。震耳欲聋的雷声盖住了火山喷发的轰鸣声。"

与马提尼克岛上的圣皮埃尔不同，圣雅克就像无人居住的喀拉喀托岛、萨布丽娜岛和格雷厄姆岛，岛上的山、森林、城镇以及住在那里的4.2万人都消失在了海底。在雷·弗莫尔笔下，贝特带着她的画逃过一劫，后来生活在巴黎。过了一段时间，渔民们称，"狂欢节期间穿过群岛之间的东部海峡时，能听到水中传来小提琴声，仿佛一场舞会正在海底热火朝天地进行着"。故事开头的画引起了读者的兴趣，贝特说，"这是我在安的列斯群岛画的最后一幅画"，画的署名和日期是"德·雷恩，1902年"，这一日期对于虚构的圣雅克和真正存在过的圣皮埃尔而言，意义非凡的。

马提尼克岛事件是维苏威火山另一次大喷发的前奏。只有一位小说家将圣皮埃尔城写进了书中，而在1906年4月维苏威火山喷发时，许多画家就在那不勒斯及其附近，其中包括意大利画家爱德华多·达尔博诺和居住在卡普里的美国艺术家查尔斯·卡里尔·科尔曼。科尔曼出生于纽约布法罗，年轻时曾游历意大利，并在佛罗伦萨和罗马学习。从19世纪60年代后期起，他定居在西班牙，长期以来深受欧美画家的敬重与爱戴。1885年，他搬到卡普里，在那西塞斯别墅安家，在那里，他重现了庞贝城和摩洛哥的鲜明景象。科尔曼成为岛上绘画的引领者，他定期将画寄回美国，特别是寄回布鲁克林美术馆进行展览及出售。弗雷德里克·丘奇创作了一座摩尔式房子，里面摆满了艺术品，充满了慵懒的艺术氛围。像他一样，科尔曼充分利用了从工作室窗口看到的景色。丘奇的面前是哈德逊山谷，而科尔曼则能够眺望维苏威火山下的那不勒斯湾。

科尔曼与火山的距离和1800多年前小普林尼与火山的距离大致相同。科尔曼创作了一系列粉彩画，记录了火山喷发的缓慢进程和滚滚浓烟。从这一距离观察，火山喷发是无声的，仿佛一个遥远的装饰品，在深浅不一的蓝色和灰色中缓缓苏醒。科尔曼一幅画的副标题《奥塔维亚诺的灰烬雨》是对这座被称为"新庞贝"小镇遭受破坏的一种超然且客观的承认。相比之下，爱德华多·达尔博诺的水墨水粉画肯定是在科尔曼远观火山喷发的当天或前后几天内绘制的。画作将观众带到了灾难中心，表现了居民们拖家带口逃命时的恐惧和恐慌。达尔博诺的标题让人们陷入恐惧，耳旁仿佛响起了那可怕的噪声，"灰烬，黑暗，咆哮，恐慌笼罩着从那不勒斯通往雷西纳的道路"，工人们绝望地把灰烬铲进篮子里，其他人则可怜地蜷缩在雨伞下。科尔曼和达尔博诺虽然距离遥远，心情也不同，但他们作品的名字中都有"灰烬雨"这个词。

当美国画家穿越数千千米来到欧洲和南美洲，去描绘当地的风景和风尚时，冰岛画家付出了极大的努力，渐渐开始探索岛上的风光。在丹麦学习期间，这些年轻画家在去德国、法国和意大利旅行时，逐渐接触到了印象主义和后印象主义，直接经历了欧洲艺术风格的变化狂潮，其中包括表现主义和漩涡主义。

与斯堪的纳维亚半岛和欧洲其他地区相比，冰岛在进入 20 世纪时比大多数国家走得更慢、更谨慎。但冰岛所拥有的，是丹麦和除意大利外其他欧洲国家所明显缺乏的，一个活跃的、危险的、对艺术家来说极具吸引力的火山系统，拥有天然的、充足的热量和光线。冰岛中

查尔斯·卡里尔·科尔曼,《奥塔维亚诺的灰烬雨》, 1906 年, 色粉画

爱德华多·达尔博诺，
《灰烬雨——1906年维
苏威火山喷发》，1906
年，墨水和水粉画

部高地规模最大、最活跃的火山之一——格里姆火山于
1902年至1903年喷发，而西南地区的一座外形好似倒扣
的船的活火山——海克拉火山于1878年喷发，并于1913
年再次喷发。对于20世纪冰岛的年轻画家来说，此类火
山活动是他们的灵感之源。

　　1909年，阿什格里穆·琼森结束了在哥本哈根、德

国和意大利长达 12 年之久的旅行。不久，他绘制了一系列火山喷发的水彩画，画中的红色与蓝色形成了鲜明的对比。其中一些作品可能受到了透纳的影响，同时也隐隐有着埃米尔·诺尔德的风格，还能让人想起蒙克的抽象形态。但在整体上，阿什格里穆通过描绘村民们目瞪口呆地看着火山喷发的场面保持了其强烈的叙述性。无论是夺路而逃，还是惊恐或淡然地看着火山喷发，阿什格里穆笔下的人物都充满了一种源自冰岛的坚定。

与阿什格里穆一样，比他小 20 岁左右的约翰尼斯·卡瓦尔也是冰岛南部一个农民的儿子。卡瓦尔十八九岁时在船上工作，认识了阿什格里穆，并向他和冰岛另一位画家索拉林·索拉克松学习绘画技巧。出生于 19 世纪末和 20 世纪初的冰岛画家大多前往哥本哈根接受艺术培训。1874 年以前，冰岛一直处在丹麦的统治下，并没有正式的公共艺术学校，直到 1947 年雷克雅未克视觉艺术学校成立。阿什格里穆·琼森在 1900 年到 1903 年在哥本哈根的皇家美术学院学习，布兰约夫·瑟达森、芬努尔·金森、古德曼达尔·埃纳森和约翰尼斯·卡瓦尔也是如此。1911 年，卡瓦尔首次来到伦敦，他在国家美术馆和国立英国美术馆（现为泰特美术馆）看到了透纳的画作。他移居哥本哈根，在皇家艺术学院学习，最终于 1922 年回到冰岛，定居在雷克雅未克。卡瓦尔往往以巨大的画幅细致描绘冰岛的风景，用色好似宝石般鲜明，画面零碎，通常不太突出地平线。因

阿什格里穆·琼森,
《火山喷发大逃亡》,
1945 年, 布面油画

阿什格里穆·琼森,
《火山喷发》, 约 1908
年, 水彩画

约翰尼斯·卡瓦尔，
《从格拉夫宁格尔看斯
卡德布雷多火山》，约
1957—1961 年，布面
油画

此，在几乎没有外部参照物的情况下，观众的视线也能
被径直拉到图画中。这些画中所蕴含的和谐感反映了他
绘制风景画时的习惯。卡瓦尔画笔下的火山主题不是远
处剧烈的喷发，而是覆盖冰岛大部分地区的冷却褶皱的
熔岩。

　　1911 年至 1913 年，古德曼达尔·埃纳森与罗卡杜
尔·金森和索拉林·索拉克森一起在雷克雅未克的斯特

凡·艾里克松艺术学校学习。之后，他继续在哥本哈根和慕尼黑学习。他的《格里姆火山喷发》与卡瓦尔画笔下火山喷发后的平静一样，具有内在的震撼力。埃纳森所使用的技巧源自漩涡主义，实际上也来自19世纪德国浪漫主义画家卡斯帕·大卫·弗里德里希，他用尖锐的对角线和热烈的色彩表现了火山喷发所造成的突然的、令人震撼的场景。作为登山运动的先驱、一部关于1946年海克拉火山喷发电影的导演，埃纳森曾攀登过冰岛的火山。他在画作中描绘了大地的狂怒和滚滚的浓烟，克制地表现了火山喷发所导致的混乱。烟雾的柔和与火焰的锋利形成了鲜明对比，不可思议的是，他在第一颗原子弹爆炸前11年就画出了原子弹爆炸后形成的蘑菇云。1940年，这幅画在明尼苏达州博览会上展出，冰岛艺术也开始逐渐走进大众视野。

在火山主题方面，20世纪的冰岛画家与沃莱尔和赖特等18世纪后期的欧洲画家一样重要。维苏威火山喷发时，后者正身处洛可可式的历史背景中，画风华丽迷人，但没有多少感情色彩。他们猛然意识到了火山的神秘力量，创作出了一个世纪以来一直困扰他们的火山喷发的景象，这一主题由此得到了发展和延续。相比之下，阿什格里穆·琼森、古德曼达尔·埃纳森和约翰尼斯·卡瓦尔等人则是于第一次世界大战前后在哥本哈根和伦敦进行研究时，发现了这些令人震惊的自然现象。在那段时间，他们经历了立体主义、表现主义、漩涡主义和未

古德曼达尔 · 埃纳森，《格里姆火山喷发》，1934 年，布面油画

来主义，还目睹了阵地战。对约瑟夫·赖特而言，德比郡的风景和维苏威火山喷发之间对比极其鲜明，因此，赖特在描绘维苏威火山时巧妙地增添一棵树或一块岩石，从而保持了其独特的风格。然而，对于一个半世纪后的冰岛人来说，呼吁加强 20 世纪现代主义是表现格里姆火山或海克拉火山猛烈火光的唯一途径。在 20 世纪 30 年

翁贝托·波丘尼，《在那不勒斯的凉棚下》，1914 年，布面油画

代，战斗中的大炮是格里姆火山的唯一隐喻。

埃纳森的未来主义风景画与翁贝托·波丘尼的《在那不勒斯的凉棚下》风格十分相似。在这幅立体主义作品中，波丘尼烘托了一种恰如其分的家庭氛围，与其情感强烈的未来主义作品《城市的兴起》截然不同。两位画家都采用碎片化来粉碎人物形象，并通过错位来表现一种不确定性。在波丘尼的画中，坐着的人物正安静地享用午餐，在他们身后，维苏威火山拔地而起。画面中，火山尖锐的三角形反复出现。虽然没有发生什么，但右边拼贴的歌片的形状与火山形状相呼应，歌片上方则是一幅喷发的维苏威火山木版画，暗示着这座山的狂暴。破碎的画面预示着风暴正在酝酿中，就像镜子坠落在地面的那一瞬间。

像波丘尼的画作一样，雷纳托·古图索于1940年创作的《逃离埃特纳》同样具有多重含义。其形式和表现出的压倒性的威力（来自自然而非军事）与1937年毕加索的《格尔尼卡》相呼应。在图画中，埃特纳火山被一笔带过，古图索将主要精力放在描绘火山喷发对当地居民的影响上，人们惊慌失措，他们的马和牛失控奔逃，家具散落一地，一片混乱。

画家杰拉多·穆里略曾称自己为"阿特尔博士"，也曾称自己为"福克斯博士"和"奥兰治博士"，他对故乡墨西哥的火山有着丰富的情感。阿特尔博士是一位革命家，也是一位火山学家、社会理论家、民族主义者、艺

术评论家、诗人及画家。他曾在墨西哥的一所学院学习，并带着墨西哥总统的赏赐于 1900 年左右前往罗马。在罗马，他被意大利文艺复兴时期壁画的魅力征服，特别是米开朗琪罗在西斯廷教堂天花板上所作的壁画。此次旅行使他认识到公共艺术的政治和教育力量，回国后，他激励了包括迭戈·里维埃拉、何塞·奥罗斯科和大卫·西盖罗斯等画家在墨西哥创作壁画，推动墨西哥艺术进入一个全新的、强有力的时代。

雷纳托·古图索，《逃离埃特纳》，1940 年，布面油画

　　作为墨西哥艺术发展史上一个至关重要的人物，阿特尔博士同样对火山十分着迷。20 世纪 20 年代末，他放弃了政治绘画，将目光投向象征着墨西哥的两座山峰——波波卡特佩特火山和伊斯塔西瓦特尔火山，作为其创作的主题。他后来写道："我放弃了千篇一律的风格，怀着愤怒，开始以现实主义的标准描绘风景画。"阿

特尔博士于 1921 年出版了《波波卡特佩特交响曲》，书中写道，"强大的能量贯穿了我（关于火山）的一生……从山顶上，我望见了一个奇妙的世界"。阿特尔博士财运亨通，在后来买下了一块农田。1943 年 2 月，田里突然冒出了一座火山，喷出火山灰和熔岩，并且在一年之内就抬升了 300 来米。这块农田已经无法耕种了，于是，阿特尔博士赋予了这座新火山——帕里卡廷火山（以当地村庄命名）一个全新的使命，那就是画家的模特。阿特尔博士是一个自相矛盾的人：简单又深刻，革命又保守，既是艺术家也是活动家。"我并非生来就是画家，"他说，"但我天生就是一个步行者，步行使我热爱自然，更渴望能表现它。"

那不勒斯画家雷纳托·巴里萨尼是 20 世纪 50 年代米兰抽象主义运动的参与者。这是战后意大利在时局不稳的情况下涌现的一些脆弱的、维持时间短的艺术团体之一。他经常以维苏威火山和意大利其他火山为题材，用沙子、贝壳和其他物体进行创作，这些物体与色彩相得益彰，形成明亮炽热或沉静深刻的画面。他的《斯特龙博利火山》是由岛上的熔岩尘埃构成的，画面中央有一块旋钮般的火山岩，仿佛一颗镶嵌在画上的宝石。在描绘斯特龙博利火山这样活跃的火山方面，这是一个怪异的作品，但它既能给观众以耸立于岛上的高度感，又能唤起人们的兴奋感，就像在荒芜的海滩上发现一颗光滑锃亮的石头或贝壳一样。因此，规模感在一开始就被

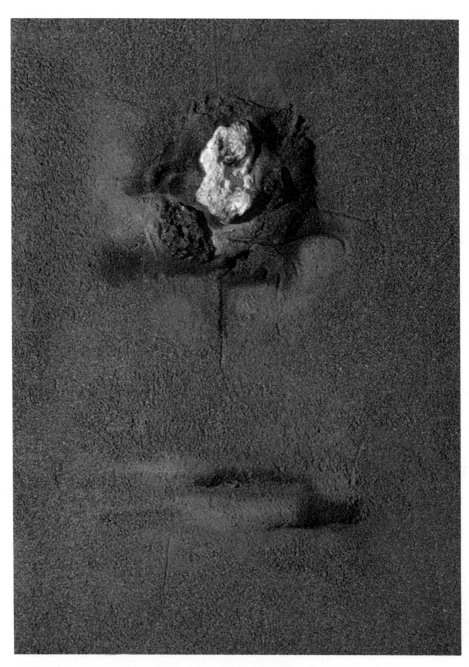

雷纳托 · 巴里萨尼,《斯特龙博利火山》, 1958 年, 布面油画

混淆了，然后被抹去了。

剧作家尤金·约内斯科在他的作品中写到情感时，把火山作为一个隐喻——不是毁灭，而是强大的创造力：

> "此时此刻，我存在着。激情在我心中沉睡，随时将会爆发，然后又会被抑制住。愤怒或欢乐的喷流在我体内蠢蠢欲动，随时准备爆裂起火。我是能量，是火，是熔岩。我是一座火山。我常常半睡半醒：我的火山口等待着岩浆沸腾，浓雾升起，我炽热的激情将倾泻而下，燃烧万物，蔓延千里，向世界发起攻击。"

在选择以活火山作为他们作品的主题时，很多画家如古德曼达尔·埃纳森、雷纳托·古图索和阿特尔博士都触及了人性的本质。这一隐喻深入人类精神世界，它激起了恐惧，也唤起了人们的敬畏之心。但是，通过直面火山，画家们在一定程度上获得了来自其力量的灵感。值得注意的是，这三位画家以及其他许多画家都选择了他们故乡的火山，例如，冰岛的古德曼达尔画的是格里姆火山；西西里的古图索画的是埃特纳火山；墨西哥的阿特尔博士画的是波波卡特佩特火山和帕里卡廷火山。至此，不可控制的事物受到了密切观察，巨大压力也得到了释放。

# 8. 涌动的熔炉

火山喷发是连续且不可避免的。从国际空间站拍摄的照片显示，地球上，经常有火山在冒烟，沸腾或喷发。在太平洋和印度洋底部，这一过程在一直无声地进行着，孕育出能够适应持续高温的生命形式。这个星球从不消停。

1811年亚速尔群岛萨布里纳岛的诞生，或1831年地中海格雷厄姆岛的诞生，与1963年冰岛南海岸的叙尔特赛岛诞生一样令人惊奇。地球无时无刻不在孕育着新事物，这里"诞生"这个词通常指新火山或火山岛的出现，包括1538年那不勒斯附近的蒙特诺沃火山，1943到1944年的帕里卡廷火山，以及萨布里纳岛、格雷厄姆岛和叙尔特赛岛。萨布里纳岛和格雷厄姆岛很快又被淹没了，但是蒙特诺沃火山、帕里卡廷火山和叙尔特赛岛（其名字源自北欧火神苏尔特尔）如今仍然存在，短时间内不会消失。从海中诞生本身就是一个根深蒂固的观念，在历史上有许多与此相关的传说，在艺术方面也有大量相关作品，如维纳斯的诞生和中世纪的藤壶鹅起源之谜。

但这并不是什么新鲜事：冰岛本身就是在大约三千万年前（恐龙在地球上灭绝后很长时间）在大西洋中脊出现，亚速尔群岛和太平洋的夏威夷岛也是在相近时期出现。

火山喷发后，第一波到达现场的通常不是画家。1977年1月，刚果民主共和国尼拉贡戈火山的火山口壁坍塌，沸腾的熔岩倾泻而下，淹没了许多村庄，造成数千人死亡。生活在这座山的山脚下，就像在一扇打开的门上放了一壶开水，人们的精神压力是无法想象的。尼拉贡戈火山熔岩能够快速涌出是因为该火山熔岩中二氧化硅含量很低，不像维苏威火山的熔岩那样黏稠。维苏威火山熔岩的流动速度要慢得多，但是破坏性相当。在哈卢特的画里，火山的灵魂在云层中升起，火舌般的熔岩涌下山坡，摧毁了村庄，将观众带进了灾难中心。这幅画的直观性堪比古图索的《逃离埃特纳》，其表现的人性比19世纪肖平或潘特的作品要深刻得多。火山学家在全球范围内对火山热点进行了严密监测，从20世纪中期开始，我们一直在不断地对火山喷发的过程（包括火山口初现岩浆时）进行观测和评估。我们能在空中即时观测喷发过程。人们经常可以看到一架轻型飞机的翼尖在镜头中来回移动，还有坐在驾驶舱里正一脸兴奋地进行实时报道的新闻记者。当然，这与19世纪完全不同，彼时，画家是这些事件的首要见证人；这也与18世纪和19世纪盛行的出于戏剧和叙事目的而对喷发进行修饰润色的做法完全不同。我们可以严重怀疑肖平，但我们不能

怀疑哈卢特。

超然、转变、恐怖、极富想象的创作和冷静的分析：这些都是画家在 20 世纪后期因火山题材而获得的。迪特尔·罗斯是一位从 1957 年起就生活在冰岛的德国画家，他利用一张拍摄于 1963 的叙尔特赛岛诞生时的著名航拍照片，制作了 18 幅珂罗版画，这一系列作品成为版画制作技术的范本。火山被盛在一个餐盘里，放在一张漂亮的格子桌布上。叙尔特赛岛向我们呈现的大餐可能是美味的，也可能是倒人胃口的。罗斯的画作对生物降解进

迪特尔·罗斯，《叙尔特赛岛》，1973—1974 年，珂罗版印刷

行了探索，简而言之，就是腐烂。在 20 世纪 60 年代，他的作品与激浪派联系在一起，使画廊和收藏家又爱又恨。他与理查德·汉密尔顿、丹尼尔·史波利、让·丁格利、约瑟夫·博伊斯等人合作，创作出脆弱、易碎且随性的艺术作品。他的巧克力或奶酪展品大多被画廊的游客吃掉，或者干脆腐烂了。罗斯用加工过的奶酪为瑞士收藏家卡尔·拉兹洛创作了一幅肖像画而惹怒了他。在 1970 年的一次展览中，他在洛杉矶的一家画廊里放了 37 个装满奶酪的手提箱，几天后奶酪开始发臭，爬满了蛆。展览中的所有作品都被扔了出来。总而言之，罗斯的艺术是关于生活的。因此，1963 年突然出现在罗斯

约瑟夫·约阿库姆，《火山口，毛伊岛，夏威夷国家公园》，19 世纪 60 年代，水彩画

家门口的叙尔特赛岛有了一个内涵丰富而出人意料的比喻——一盘从北大西洋渔场升起的海鲜。它会消失，被海浪吞噬，甚至悄悄地腐烂吗？罗斯在创作这一系列版画时，自己都不能确定，即使是现在，也没有人能确定。

罗斯把自己置于主流之外，但他仍有足够的吸引力。尽管他身处远离正统西方艺术轴心的冰岛，但他从来不是一个局外人。他不像赖特或丘奇那样去寻找火山，相反，是火山从海里升起，就像维纳斯一样，呈现在他面前。约瑟夫·约阿库姆60多岁才开始绘画创作。风景在他舞动的圆珠笔下跃然纸上，这些画作皆取材于他去过的地方。《火山口，毛伊岛，夏威夷国家公园》中的火山就像一堆奶油蛋糕，一个接一个地融化，其表现方式与迪特尔·罗斯的一些作品尤为相似。与罗斯一样，约阿库姆对火山的描述也带着同样美妙的情感。

1980年5月18日前几周，美国发生了一次猛烈的火山喷发，在一系列规模逐渐增大的地震之后，华盛顿州的圣海伦斯火山一侧发生了爆炸，对这片荒野地区造成了巨大的破坏。引用大量的数据，如泥浆和熔岩（2.3立方千米）、爆炸的强度（比广岛原子弹强2.7万倍）、毁坏的道路长度（480千米）、经济损失（1亿美元）、死亡人数（57人）以及历史上最大的山体滑坡（每小时40公里的速度行进），都是毫无意义的。相反，我们可以把它留给英国画家米歇尔·桑德勒，他的四幅大型水彩画和水墨画记录了这一事件，而这一事件恰好发生在他44岁生

米歇尔·桑德勒,《圣海伦斯火山》(第三版和第四版),1981—1982 年,水彩画

日当天。

这些作品由一系列航拍照片制作而成，仿佛定格的电影图像，将爆炸的瞬间有序保存了下来，令人叹为观止。每张纸的左边是爆炸的瞬间，而右边是对每一瞬间的抽象性抹杀，用灰色的留白或黑色对角线干脆利落地划掉。这些作品是桑德勒在 20 世纪 80 年代制作的众多以毁灭为主题的作品的一部分。桑德勒作品中的火山是独一无二的，但其圣海伦斯火山系列作品所表现出的爆发力与其忧郁的青铜作品如《第三帝国的终结》以及《为了自由猛烈一击》如出一辙。

叙尔特赛岛出现在冰岛外海数年后，维斯特曼奈杰尔群岛的赫马岛发生了巨大的火山喷发。1973 年 1 月，岛上发生了剧烈的地震，巨大的裂缝几乎横穿整座岛屿，裂缝中喷涌出烟雾、蒸汽和熔岩。几天之内，情况进一步恶化了，一座新火山（后来被命名为埃尔德菲尔火山）开始形成，三周后大约上升至 200 米。艺术家基思·格兰特（生于 1930 年）一直以来着迷于极端环境，他于 1973 年从空中观测赫马岛，彼时烟柱和火山灰仍在上升。在 6000 米处，他发现了米歇尔·桑德勒斯所采用的航拍照片的拍摄视角。在 20 世纪，人们已经能够从空中观测火山，而这一视角仍是独一无二的。对于 19 世纪的画家而言，即使乘坐氢气球也无法获取这一视角。像古德曼达尔·埃纳森的《格里姆火山》一样，格兰特画笔下壮丽的喷发柱呈现核爆炸后形成的蘑菇云形状，是这幅画

基思·格兰特，《冰岛赫马岛高达 2 万英尺（约 6000 米）的喷发柱》，1973 年，木板油画

伊拉娜·哈尔佩林，
《新大陆》，2006 年，
蚀刻画

的主要特征。

　　基思·格兰特创作了一组关于火山的绘画作品，其中大部分是冰岛的火山。遥远而清爽的北方，它的空旷、晶莹剔透的冰雪、澄澈的蓝天和无边无际的地平线，吸引着格兰特离乡前往。与其非洲和南美洲赤道题材的绘画相比，格兰特作品中的冰岛火山投射出一种掌控感和冰冷而超脱的色彩，抵消了其题材的混乱和无序感。

　　2003 年，30 岁的伊拉娜·哈尔佩林注意到，埃尔德菲尔火山也是 30 岁。为了庆祝这一共同的生日，她登上了埃尔德菲尔火山，随后创作了名为"游牧大陆"的系列作品，并于 2005 年在爱丁堡的道格舍画廊展出。哈尔佩林写道：

"我的作品探索了地质现象和日常生活之间的关系。无论是在火山口 100 摄氏度的硫磺泉中煮牛奶，还是与同一块年龄相同的大陆一道庆祝我的生日，当地的地质历史和环境状况直接决定了每一幅作品的走向。"

"游牧大陆"系列包括从埃尔德菲尔火山上空拍摄的照片，以及因这座火山诞生而产生的地质标本和绘图。她的另一幅作品——《新大陆》探索了 1831 年在地中海出现又消失的格雷厄姆岛（斐迪南迪亚岛）的短暂生命。哈尔佩林以火山活动的极端超脱为主题，并将其拟人化（绘制成她自己）使其与自己的生命交织在一起。

多年来，电影制作人詹姆斯·P. 格雷厄姆一直在地中海的斯特龙博利岛（短期内不会消失）上工作，用 12 台摄影机来记录岛上的火山活动。利用这些影像资料，他创作出了 Iddu，这个词在西西里方言中的意思是"他"。在 Iddu 中，旁观者是被事件全方位包围的积极参与者，只知道维持地球上生命的自然力量也可能摧毁一切。在斯特龙博利岛紧张却又和谐的氛围中，格雷厄姆揭示了火山岛周围恒久不变的海洋、岛上的熔岩以及由其形成的圆锥山体之间的复杂关系。他的电影中充满了各种隐喻，例如，斯特龙博利岛金字塔般的形状好似一个莲蓬头，莲蓬头滴下花蜜引来众多蜜蜂。影片结尾处的花蜜隐喻了肥沃的熔岩，同时熔岩块从岛的两侧滚滚

詹姆斯·P.格雷厄姆，*Iddu* 的一帧画面，2007 年

而下。

　　2009 年 10 月的全球金融危机促使伊恩·布朗将他正在创作的探索自然灾害的系列绘画扩展到火山主题。布朗以他收集的火山明信片为起点，开始创作一系列隐喻当时形势的作品。在提到画幅（152 cm × 107 cm）时，他写道，"有趣的是，画幅大小会造成心理差异。观众倾向于保持一定距离欣赏常规尺寸的画作，而在面对一幅几乎等身的、充斥整个视野的图画时，会有一种要进入画里的错觉"。布朗注意到了照片、明信片和版画之间的细微差别：照片是对事实的陈述，明信片是诗意的诠释，而版画则强调了将三维世界转化成二维版画所产生的错觉。

　　埃莉诺·安廷是加利福尼亚的一位电影制作人和行为艺术家。她在一次录音采访中称，她的系列照片《庞贝城的末日》是以 19 世纪的学院派绘画为基础，"因为我们所面对的是英国和法国，他们在某种程度上创造了罗马"。

　　"他们帮助罗马是为了美化自己殖民大国的形
象。他们对罗马绘画极为着迷，尤其是英国人，已
然视自己为新罗马。所以，以19世纪沙龙绘画的视
角来看待这之间的关系会很有趣，而我一直也很喜
欢这种绘画，尽管这种绘画装腔作势……"

　　这些照片在加利福尼亚州兰乔圣菲的拉荷亚展出，
拉荷亚之所以成为重建庞贝城的选址，是因为它的位置
极具戏剧性：

　　"小镇坐落在美丽的海湾边上（尽管庞贝城并不
完全位于海湾边上），镇上生活着许多富人，他们的
美好生活与庞贝城毁灭前城中居民的悠哉生活无异。
而在加州，我们生活在地震断层上，陆地正缓缓沉
入大海，不断受到海水的侵蚀。我们在'9·11'事
件"前两个星期完成了这一作品。于我而言，美国
作为一个殖民大国，与早期殖民大国罗马之间的关
系非常清晰。我想，每个人都从这张照片中清楚地

伊恩·布朗，《自然灾害：变体 I》，2009 年，版画

看到了这一点。"

安廷的摄影作品具有好莱坞风格，这导致这些照片往往被当作电影剧照来解读。然而，就像其模仿的19世纪绘画一样，这些照片是大灾难前的超脱瞬间，体现了肖平的《庞贝的末日》和波因特的《从虔诚坠向死亡》等画作的色彩。它们与19世纪画作的唯一区别在于，前者是照片，而后者则是油画。每一张照片都是对共同主题极富想象和尽可能忠实的诠释，每一张照片的拍摄都请了一些模特儿，还原了灾难前的情景。巧合的是，这幅作品是在"9·11"事件发生前两个星期才完成的，这为它增添了一层深刻却显多余的含义。就像如今一看到双子塔的照片就想到"9·11"事件一样，我们看到"庞贝城的末日"系列照片时也必定会想到维苏威火山喷发。

在埃莉诺·安廷以好莱坞风格诠释其"庞贝城的末日"系列作品前几十年里，好莱坞电影在火山题材上很随意。还有什么题材比火山更适合灾难片的呢？好莱坞给我们创造高耸的炼狱和迷失方向的大白鲨，也为我们带来了环绕电影《火山情焰》、描述洛杉矶地底深处火山喷发的《活火熔城》、纽约被熔岩威胁的《灾难地带：纽约火山》，以及黄石火山喷发令世界陷入灾难的《2012》。再把目光转向歌剧，帕特里克·雷·弗莫尔小说是马尔科姆·威廉森歌剧《圣雅克提琴》的来源，该歌剧于1966年在伦敦沙德勒之井演出。

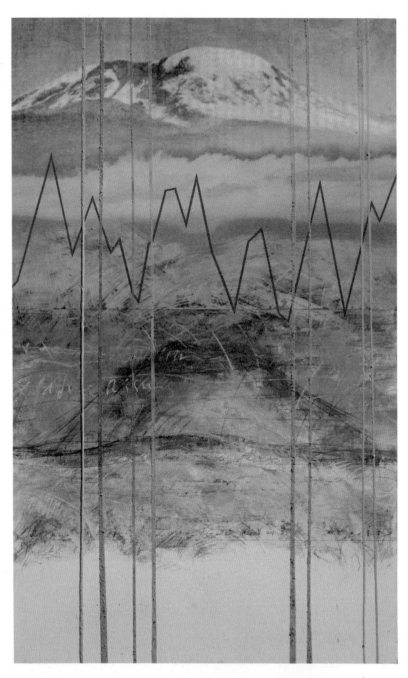

乔治亚·帕帕乔尔奇，《1898 年乞力马扎罗南部冰川》，喷墨印刷

　　画家的使命是描绘或创造。乔治亚·帕帕乔尔奇是第一批描绘坦桑尼亚休眠火山乞力马扎罗山的画家之一。她的调色板由颜料、帆布、照片、木炭、树皮、火山灰等组成。已知最早的火山照片拍摄于1898年，照片上还留有液态熔岩的痕迹。她将这张照片放大，并用红色之字形线条勾勒出火山在20世纪的波动，标明冰川融化情况。她在其他作品中使用了大量木炭，这些木炭是由周围平原的硬木烧制而成的"黑色黄金"，人们为了眼前的利益而毁掉了那些能够抵抗沙漠化和全球变暖进程的树木。帕帕乔尔奇警示，人们无节制的砍伐和焚烧正在破坏景观，进而破坏气候。

　　随着对火山喷发源头和原因的了解，科学家们有能力作出预测，并发出紧急预警。地震是火山喷发的先兆，为了检测其动态，世界火山观测组织在活火山两侧安装了传感器系统。然而，尽管能够有效预测火山喷发，但是无法阻止或避免火山喷发。我们生活在保障人类生存的火炉顶上，炉火不时冲破地壳又恢复原样。事实证明，提丰在埃特纳火山下辗转反侧的神话并非无稽之谈。伦敦地质学会于2005年发表的一份报告，讨论了超级喷发对全球的影响和对未来的威胁。超级喷发是指破坏地球正常循环的大规模火山事件。超级喷发在很久以前发生过，例如，新墨西哥州的杰米兹火山喷发、苏门答腊的多巴火山喷发、那不勒斯附近的意大利南部火山区火山喷发等。我们生活在这个涌动的熔炉上，应该不断提醒

1983 年 4 月，西西里岛埃
特纳火山爆发

自己喷发还会再次发生。正如地质学会的报告所说的，这不是一个是否会发生的问题，而是一个何时发生的问题。由于火山喷发，火山灰云和喷出的气体进入大气层，将导致全球温度下降约 5 摄氏度，足以进入新的冰河时代，冻结并摧毁赤道热带雨林。

但安迪·沃霍尔在绘制《维苏威火山》时并没有考虑到这一切，他还创作了许多关于剧烈喷发的版画。他把我们直接带回到 18 世纪晚期，尤其是约瑟夫·赖特的时期。在这幅画中，维苏威火山看起来就像是一个颠倒的喷气式发动机。他小心翼翼地将丙烯颜料涂在勾勒出

安迪·沃霍尔，《维苏威火山》，1985 年，布面丙烯

俄罗斯克拉斯诺达尔边疆区亚速海的提兹达尔泥火山，人们正在火山口泡泥浴，2009 年

的区域内，却还是意外地喷溅到画布的一侧，仿佛是溅出的熔岩。除构图的总基调外，沃霍尔与赖特还有一个共同点——画了众多火山喷发的画作。然而，沃霍尔改变了火山的色彩平衡，他画笔下的熔岩有时是黄色的，有时是红色的，有时是黑色的。

　　纽约艺术家大卫·克拉克森的作品将火山的自然超脱发挥到了极致，与詹姆斯·P.格雷厄姆不同，他以动态图像表现火山喷发的情景。克拉克森的灵感来自拍摄的火山活动影像，但在他的作品中，火山被压平了，色彩也变淡了，在情感上与观众拉开了距离。而一些作品边缘印刷的日期、时间和地点进一步加深了这种距离感。

　　从皮埃尔-雅克·沃莱尔到大卫·克拉克森，我们在艺术上和情感上都走了很长一段路，然而，我们还有更长的路要走。人们逐渐意识到火山的力量会对我们的生活造成影响，甚至将我们彻底摧毁，于是，画家们仿佛握住了一把新武器。无论他们笔下的火山喷发是山崩地裂还是出人意料的，火山本身都会使最有创造力和想象力的画家感到惊愕。在这个星球上，或许火山才是笑到最后的赢家。

日本南部新燃岳火山喷发后，宫崎县高原町落满火山灰的橘子